4주 완성 스케줄표

공부한 날	주	일	학습 내용
월 일		도입	이번 주에는 무엇을 공부할까?
		1일	수를 알고 쓰기
월 일		2일	수로 순서를 나타내기, 수의 순서
월 일	1주	3일	1만큼 더 큰 수, 1만큼 더 작은 수
월 일		4일	0을 쓰고 읽기, 수의 크기 비교하기
월 일		5일	여러 가지 모양 찾아보기, 같은 모양끼리 모으기
		평가 / 특강	누구나 100점 맞는 테스트 / 창의·융합·코딩
월 일		도입	이번 주에는 무엇을 공부할까?
		1일	여러 가지 모양 알아맞히기, 쌓고 굴리기
월 일		2일	여러 가지 모양 만들기
월 일	2주	3일	모으기와 가르기
월 일		4일	더하기로 나타내기, 덧셈하기
월 일		5일	빼기로 나타내기, 뺄셈하기
		평가 / 특강	누구나 100점 맞는 테스트 / 창의·융합·코딩
월 일		도입	이번 주에는 무엇을 공부할까?
		1일	0이 있는 덧셈, 뺄셈
월 일		2일	길이 비교하기
월 일	3주	3일	키, 높이 비교하기
월 일		4일	무게, 넓이 비교하기
월 일		5일	담을 수 있는 양, 담긴 양 비교하기
		평가 / 특강	누구나 100점 맞는 테스트 / 창의·융합·코딩
월 일		도입	이번 주에는 무엇을 공부할까?
		1일	10 알아보기, 10 모으기와 가르기
월 일		2일	십몇 알아보기, 십몇을 쓰고 읽기
월 일	4주	3일	19까지의 수 모으기, 가르기
월 일		4일	20, 30, 40, 50 / 50까지의 수
월 일		5일	50까지 수의 순서, 50까지 수의 크기 비교하기
		평가 / 특강	누구나 100점 맞는 테스트 / 창의·융합·코딩

공부한 날을 표시하고 하루하루 학습 내용을 살펴보세요.

Chunjae
Makes
Chunjae

▼

기획총괄	박금옥
편집개발	윤경옥, 박초아, 김연정, 김수정, 김유림
디자인총괄	김희정
표지디자인	윤순미, 여화경
내지디자인	박희춘, 이혜미
제작	황성진, 조규영

발행일	2023년 11월 15일 2판 2023년 11월 15일 1쇄
발행인	(주)천재교육
주소	서울시 금천구 가산로9길 54
신고번호	제2001-000018호
고객센터	1577-0902

똑 똑 한

하루
수학

1 A

> 배우고 때로 익히면
> 또한 기쁘지 아니한가.
> - 공자 -

주별 Contents

1주 9까지의 수 ~ 여러 가지 모양

2주 여러 가지 모양 ~ 덧셈과 뺄셈

3주 덧셈과 뺄셈 ~ 비교하기

4주 50까지의 수

똑똑한 하루 수학

이 책의 특징

도입 이번 주에는 무엇을 공부할까?

이번 주에 공부할 내용을 만화로 재미있게!

반드시 알아야 할 개념을
쉽고 재미있는 만화로 확인!

개념 완성 개념·원리 확인

교과서 개념을 만화로 쏙쏙!

핵심 개념이
한눈에 쏙쏙!

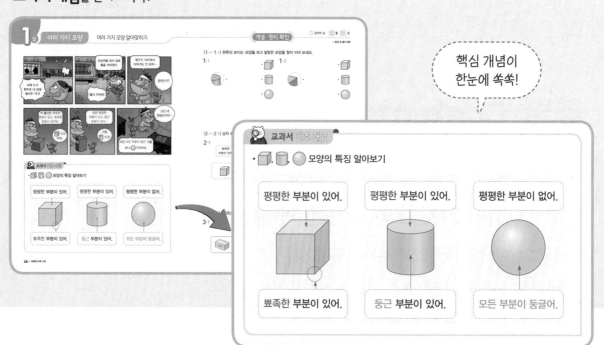

교과서 기초 개념

• 🧊 🥫 ⚪ 모양의 특징 알아보기

평평한 부분이 있어.	평평한 부분이 있어.	평평한 부분이 없어.
뾰족한 부분이 있어.	둥근 부분이 있어.	모든 부분이 둥글어.

기초 집중 연습

반드시 알아야 할 문제를 **반복**하여 완벽하게 익히기!

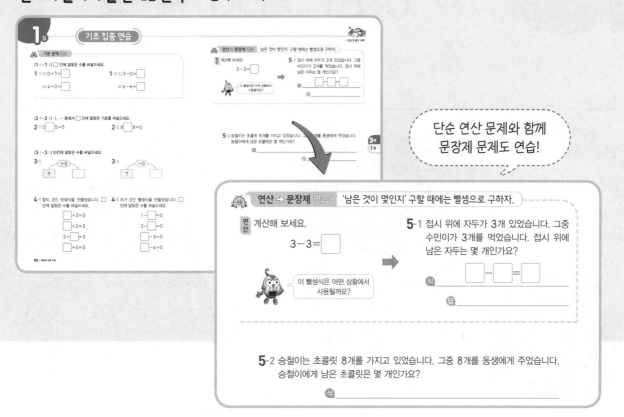

> 단순 연산 문제와 함께
> 문장제 문제도 연습!

연산 ➡ 문장제 연습   '남은 것이 몇인지' 구할 때에는 뺄셈으로 구하자.

연산 계산해 보세요.

$$3-3=\boxed{}$$

이 뺄셈식은 어떤 상황에서 사용될까요?

5-1 접시 위에 자두가 3개 있었습니다. 그중 수민이가 3개를 먹었습니다. 접시 위에 남은 자두는 몇 개인가요?

식 $\boxed{}-\boxed{}=\boxed{}$

답 _____

5-2 승철이는 초콜릿 8개를 가지고 있었습니다. 그중 8개를 동생에게 주었습니다. 승철이에게 남은 초콜릿은 몇 개인가요?

식 _____

평가 + 창의·융합·코딩

한 주에 **배운 내용**을 **테스트**로 마무리!

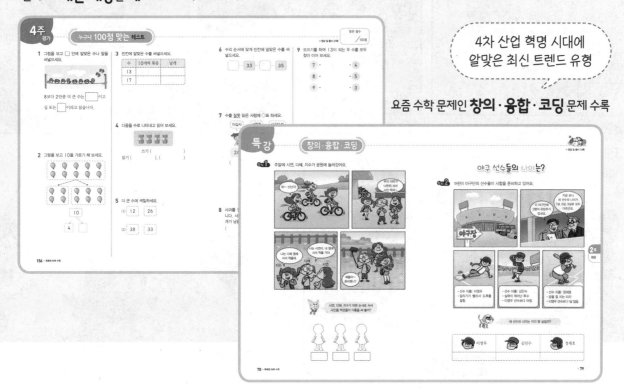

> 4차 산업 혁명 시대에
> 알맞은 최신 트렌드 유형

요즘 수학 문제인 **창의·융합·코딩** 문제 수록

1주 9까지의 수 ~ 여러 가지 모양

이번 주에는 무엇을 공부할까?

- **1일** 수를 알고 쓰기
- **2일** 수로 순서를 나타내기, 수의 순서
- **3일** 1만큼 더 큰 수, 1만큼 더 작은 수
- **4일** 0을 쓰고 읽기, 수의 크기 비교하기
- **5일** 여러 가지 모양 찾아보기, 같은 모양끼리 모으기

★	1	일, 하나
★ ★	2	이, 둘
★ ★ ★	3	삼, 셋
★ ★ ★ ★	4	사, 넷
★ ★ ★ ★ ★	5	오, 다섯
★ ★ ★ ★ ★ ★	6	육, 여섯
★ ★ ★ ★ ★ ★ ★	7	칠, 일곱
★ ★ ★ ★ ★ ★ ★ ★	8	팔, 여덟
★ ★ ★ ★ ★ ★ ★ ★ ★	9	구, 아홉

쿠키의 수: 4
우유의 수: 2

교과서 기초 개념

• 1, 2, 3, 4, 5를 알고 쓰기

물건의 수를
'하나, 둘, 셋, 넷, 다섯'과
같이 세어~

1-1 수를 읽으면서 따라 써 보세요.

2	2	

3	3	

1-2 수를 읽으면서 따라 써 보세요.

4	4	

5	5	

2-1 수를 바르게 읽은 것에 ○표 하세요.

2 ➡ (이 , 삼)

2-2 수를 바르게 읽은 것에 ○표 하세요.

4 ➡ (셋 , 넷)

1주
1일

3-1 수를 세어 알맞은 말에 ○표 하세요.

하나	둘	셋	넷	다섯

3-2 수를 세어 알맞은 수에 ○표 하세요.

l	2	3	4	5

4-1 수를 세어 그 수를 써 보세요.

( )

4-2 수를 세어 그 수를 써 보세요.

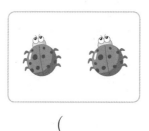

( )

 교과서 기초 개념

• 6, 7, 8, 9를 알고 쓰기

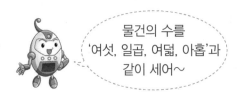

물건의 수를
'여섯, 일곱, 여덟, 아홉'과
같이 세어~

1-1 수를 읽으면서 따라 써 보세요.

1-2 수를 읽으면서 따라 써 보세요.

2-1 수를 세어 알맞은 말에 ◯표 하세요.

| 여섯 | 일곱 | 여덟 | 아홉 |

2-2 수를 세어 알맞은 수에 ◯표 하세요.

| 6 | 7 | 8 | 9 |

3-1 왼쪽 수만큼 ◯에 색칠해 보세요.

3-2 왼쪽 수만큼 ◯에 색칠해 보세요.

4-1 ☐ 안에 알맞은 수를 써넣으세요.

새가 ☐ 마리 있습니다.

4-2 ☐ 안에 알맞은 수를 써넣으세요.

나비가 ☐ 마리 있습니다.

기초 집중 연습

🐟 **기본 문제 연습**

1-1 콩알의 수를 세어 빈 곳에 수를 써넣으세요.

 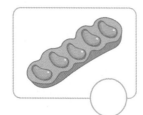

3 ( )

1-2 나뭇잎의 수를 세어 빈 곳에 수를 써넣으세요.

( ) ( )

2-1 2인 것에 ○표 하세요.

( ) ( )

2-2 7인 것에 ○표 하세요.

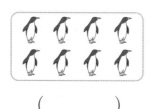 

( ) ( )

3-1 수 5를 두 가지 방법으로 읽어 보세요.

( ), ( )

3-2 수 9를 두 가지 방법으로 읽어 보세요.

( ), ( )

4-1 꽃의 수와 관계있는 것에 ○표 하세요.

| 셋 | 4 | 오 |

4-2 꽃의 수와 관계있는 것에 ○표 하세요.

| 육 | 7 | 여덟 |

 기초 → 기본 연습　구하려는 것을 찾아 수를 세어 보자.

기초　수를 세어 그 수를 써 보세요.

 문제를 잘 읽고 구하려는 것을 정확히 알아봐요.

5-1 기린의 다리는 몇 개인가요?

답 _____

5-2 마당에 있는 닭은 몇 마리인가요?

답 _____

5-3 물 속에 있는 개구리는 몇 마리인가요?

답 _____

1주
1일

 교과서 기초 개념

- 몇째 알아보기, 수로 순서를 나타내기

첫째	둘째	셋째	넷째	다섯째	여섯째	일곱째	여덟째	아홉째
1	2	3	4	5	6	7	8	9

민주　　다훈　　재영　　현수　　동운　　다영　　진주　　우진　　혁재

 앞에서 셋째는 재영이야.

다영이는 앞에서 여섯째야.

1-1 순서에 맞게 □ 안에 수를 써넣으세요.

첫째　둘째　셋째　넷째　다섯째

| 1 | 2 | | | |

1-2 순서에 맞게 □ 안에 수를 써넣으세요.

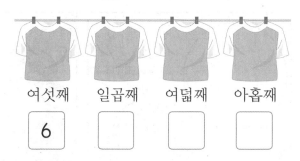

여섯째　일곱째　여덟째　아홉째

| 6 | | | |

2-1 순서에 알맞게 이어 보세요.

4　1　2　5　3

첫째

2-2 순서에 알맞게 이어 보세요.

1　5　7　4

첫째

3-1 다섯째 참새에 ○표 하세요.

첫째

3-2 아홉째 사슴에 ○표 하세요.

첫째

4-1 순서에 알맞게 이어 보세요.

첫째　셋째　넷째　다섯째　둘째

4-2 순서에 알맞게 이어 보세요.

첫째

여섯째　아홉째　여덟째　일곱째

1주 2일

 교과서 기초 개념

• **|** 부터 **9**까지의 수의 순서 알아보기

 수에는 순서가 있어요.

| **1** | **2** | **3** | **4** | **5** | **6** | **7** | **8** | **9** |

(1) **1**의 바로 다음에 오는 수는 〔❶ 〕입니다.

(2) **6**의 바로 다음에 오는 수는 〔❷ 〕입니다.

정답 ❶ 2   ❷ 7

1-1 순서에 맞게 수를 써 보세요.

1-2 순서에 맞게 수를 써 보세요.

2-1 수를 순서대로 이어 보세요.

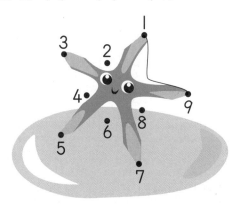

2-2 수를 순서대로 이어 보세요.

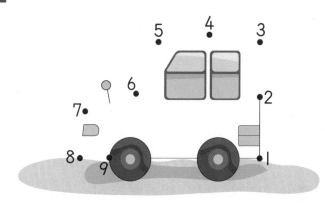

3-1 수의 순서대로 사물함의 번호를 써 보세요.

3-2 순서를 거꾸로 하여 빈 곳에 수를 써 보세요.

🐛 **기본 문제** 연습

1-1 수를 순서대로 이어 보세요.

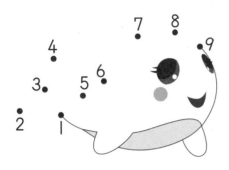

1-2 수를 순서대로 이어 보세요.

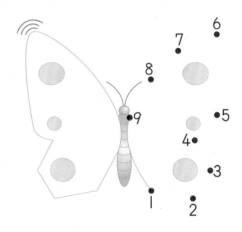

2-1 왼쪽에서부터 알맞게 색칠해 보세요.

둘(이)	○○○○○○○○○○
둘째	○○○○○○○○○○

2-2 왼쪽에서부터 알맞게 색칠해 보세요.

일곱(칠)	○○○○○○○○○○
일곱째	○○○○○○○○○○

3-1 수를 순서대로 써 보세요.

(1) [1] — [2] — [ ] — [ ]

(2) [5] — [ ] — [ ] — [8]

3-2 수를 순서대로 써 보세요.

(1) [2] — [ ] — [ ] — [5]

(2) [6] — [7] — [ ] — [ ]

▶ 정답 및 풀이 3쪽

 정해진 기준에 맞춰 순서를 세어 보자.

기초 넷째 오리에 ○표 하세요.

첫째

주어진 기준에 따라
순서를 세어 볼까요?

4-1 아래에서 넷째 서랍은 무슨 색인가요?

답 _____

윤수

지우

세형

지희

유나

아정

민준

태희

수혁

4-2 뒤에서 둘째에 서 있는 사람은 누구인가요?

답 _____

4-3 세형이는 앞에서 몇째에 서 있나요?

답 _____

4-4 아정이는 뒤에서 몇째에 서 있나요?

답 _____

교과서 기초 개념

- 1만큼 더 큰 수 알아보기

7보다 1만큼 더 큰 수는 ❷

2보다 1만큼 더 큰 수는 ❶

수가 **1**만큼씩 커집니다.

정답 ❶ 3   ❷ 8

개념·원리 확인

[1-1 ~ 1-2] 그림의 수를 세어 ◯에 쓰고, I만큼 더 큰 수를 ☐에 써넣으세요.

1-1

I만큼 더 큰 수

◯ ── ☐

1-2

I만큼 더 큰 수

◯ ── ☐

2-1 6보다 I만큼 더 큰 수를 나타내는 것에 ◯표 하세요.

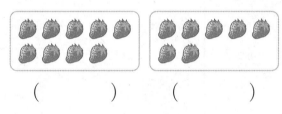

(　　　)　(　　　)

2-2 3보다 I만큼 더 큰 수를 나타내는 것에 ◯표 하세요.

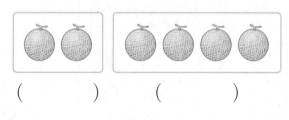

(　　　)　(　　　)

3-1 ☐ 안에 알맞은 수를 써넣으세요.

2보다 I만큼 더 큰 수는 ☐

3-2 ☐ 안에 알맞은 수를 써넣으세요.

5보다 I만큼 더 큰 수는 ☐

[4-1 ~ 4-2] 그림의 수보다 I만큼 더 큰 수에 ◯표 하세요.

4-1

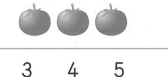

| 3 | 4 | 5 |

4-2

| 7 | 8 | 9 |

교과서 기초 개념

• 1만큼 더 작은 수 알아보기

9보다 1만큼 더 작은 수는 [②]

4보다 1만큼 더 작은 수는 [①]

1 2 3 4 5 6 7 8 9

수가 **1만큼씩** 작아집니다.

정답 ❶ 3   ❷ 8

[1-1 ~ 1-2] 그림의 수를 세어 ◯에 쓰고, 1만큼 더 작은 수를 ☐에 써넣으세요.

1-1

1만큼 더 작은 수

☐ ──── ◯

1-2

1만큼 더 작은 수

☐ ──── ◯

2-1 5보다 1만큼 더 작은 수를 나타내는 것에 ◯표 하세요.

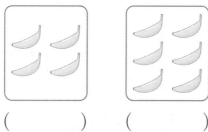

( )　　( )

2-2 7보다 1만큼 더 작은 수를 나타내는 것에 ◯표 하세요.

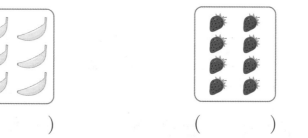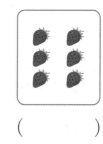

( )　　( )

3-1 빈칸에 알맞은 수를 써넣으세요.

1만큼 더 작은 수

☐ ──── 8

3-2 빈칸에 알맞은 수를 써넣으세요.

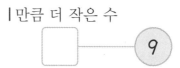

1만큼 더 작은 수

☐ ──── 9

[4-1 ~ 4-2] 그림의 수보다 1만큼 더 작은 수를 써 보세요.

4-1

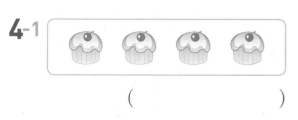

( )

4-2

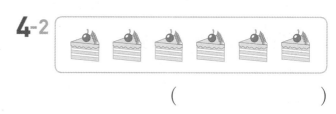

( )

기초 집중 연습

 기본 문제 연습

1-1 빈칸에 알맞은 수를 써넣으세요.

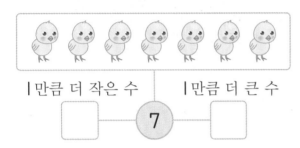

1만큼 더 작은 수 　　　　1만큼 더 큰 수

7

1-2 빈칸에 알맞은 수를 써넣으세요.

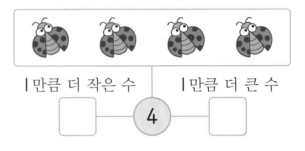

1만큼 더 작은 수 　　　　1만큼 더 큰 수

4

2-1 왼쪽 그림의 수보다 1만큼 더 큰 수를 나타내는 것에 ○표 하세요.

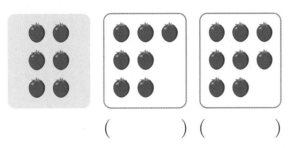

(　　　) (　　　)

2-2 왼쪽 그림의 수보다 1만큼 더 작은 수를 나타내는 것에 ○표 하세요.

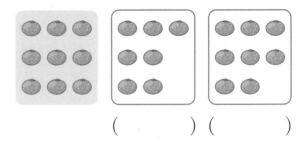

(　　　) (　　　)

3-1 다음 수만큼 묶어 보세요.

5보다 1만큼 더 큰 수

3-2 다음 수만큼 묶어 보세요.

8보다 1만큼 더 작은 수

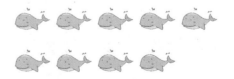

기초 → 문장제 연습   '1개 더 많은 것'은 1만큼 더 큰 수로 구하자.

 □ 안에 알맞은 수를 써넣으세요.

6보다 1만큼 더 큰 수는 □

1만큼 더 큰 수 구하기는 어떤 상황에서 이용될까요?

4-1 재우는 땅콩을 6개 먹었고 형은 재우보다 1개 더 많이 먹었습니다. 형은 땅콩을 몇 개 먹었나요?

답 _____

4-2 세영이는 피자를 2조각 먹었고 동생은 세영이보다 1조각 더 많이 먹었습니다. 동생은 피자를 몇 조각 먹었나요?

세영

동생

답 _____

4-3 마당에 돼지가 7마리 있고 염소는 돼지보다 1마리 더 많이 있습니다. 염소는 몇 마리 있나요?

돼지

염소

답 _____

 교과서 **기초 개념**

· 아무것도 없는 것을 수로 나타내기

핫도그 2개

핫도그 1개

아무것도 없음

2　　　　**1**　　　　**0**

아무것도 없는 것을 **0**이라 쓰고
영이라고 읽습니다.

①**0**

1-1 수를 읽으면서 따라 써 보세요.

1-2 아무것도 없는 것을 나타내는 수를 쓰고 읽어 보세요.

쓰기 (   ), 읽기 (   )

2-1 사과의 수를 세어 이어 보세요.

 · · 0

 · · 2

 · · 3

 · · I

2-2 사과의 수를 세어 이어 보세요.

 · · 하나

 · · 영

 · · 둘

· · 셋

3-1 다람쥐의 수를 세어 ☐ 안에 써넣으세요.

2

3-2 옷의 수를 세어 ☐ 안에 써넣으세요.

4-1 ☐ 안에 알맞은 수를 써넣으세요.

모자를 쓴 어린이 수는 ☐ 입니다.

4-2 ☐ 안에 알맞은 수를 써넣으세요.

안경을 쓴 어린이 수는 ☐ 입니다.

 교과서 기초 개념

· 9까지 수의 크기 비교하기

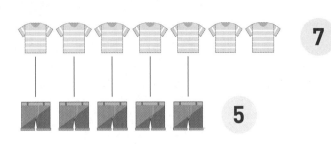

물건의 수를 비교하여 '**많다**', '**적다**'로 말하고,
수를 비교하여 '**크다**', '**작다**'로 말해.

는 보다 많습니다. | 는 보다 적습니다.

7 은 **5** 보다 큽니다. | **5** 는 **7** 보다 작습니다.

1-1 그림을 보고 알맞은 말에 ○표 하세요.

| 3 | 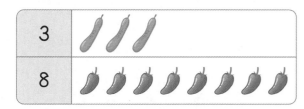 |
| 8 | |

오이는 고추보다 (많습니다 , 적습니다).
3은 8보다 (큽니다 , 작습니다).

1-2 그림을 보고 알맞은 말에 ○표 하세요.

| 9 | |
| 5 | |

당근은 가지보다 (많습니다 , 적습니다).
9는 5보다 (큽니다 , 작습니다).

2-1 수만큼 ○를 그리고 더 작은 수를 쓰세요.

| 8 | | | | | | | | |
| 5 | | | | | | | | |

( )

2-2 수만큼 ○를 그리고 더 큰 수를 쓰세요.

| 4 | | | | | | | | |
| 7 | | | | | | | | |

( )

3-1 더 큰 수에 ○표 하세요.

| 6 | 9 |

3-2 더 작은 수에 △표 하세요.

| 8 | 3 |

4-1 두 수의 크기를 비교해 보세요.

| 4 | |
| 5 | |

☐ 는 ☐ 보다 작습니다.

4-2 두 수의 크기를 비교해 보세요.

| 7 | |
| 6 | |

☐ 은 ☐ 보다 큽니다.

기초 집중 연습

기본 문제 연습

1-1 더 큰 수를 써 보세요.

(   )

1-2 더 작은 수를 써 보세요.

(   )

2-1 곰이 도토리를 모두 먹었습니다. 남은 도토리의 수를 써 보세요.

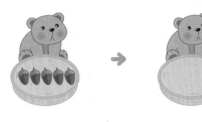

(   )

2-2 주차장에서 자동차가 모두 나갔습니다. 남은 자동차의 수를 써 보세요.

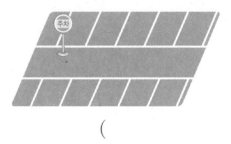

(   )

3-1 그림을 보고 ☐ 안에 알맞은 수를 써넣으세요.

6	🐢🐢🐢🐢🐢🐢
4	🦋🦋🦋🦋
8	🐝🐝🐝🐝🐝🐝🐝🐝

가장 작은 수는 ☐ 입니다.

3-2 그림을 보고 ☐ 안에 알맞은 수를 써넣으세요.

3	⚾⚾⚾
7	⚾⚾⚾⚾⚾⚾⚾
5	⚽⚽⚽⚽⚽

가장 큰 수는 ☐ 입니다.

기초 → 문장제 연습 '더 많은 것'은 더 큰 수를 찾아 구하자.

기초 더 큰 수에 ○표 하세요.

| 8 | 7 |

수의 크기 비교하기는
어떤 상황에서
이용될까요?

4-1 승호는 딸기를 8개 먹었고 은규는 7개 먹었습니다. 누가 먹은 딸기가 더 많은 가요?

승호　　　　　　은규

답 _____

4-2 옥수수를 윤수는 3개 땄고 아라는 5개 땄습니다. 누가 딴 옥수수가 더 많은 가요?

윤수　　　　　　　　　　아라

답 _____

4-3 오징어는 6마리 있고 꽃게는 4마리 있습니다. 오징어와 꽃게 중에서 어느 것이 더 많은가요?

답 _____

교과서 기초 개념

• ⬛, 🔵, ⚪ 모양의 물건 찾아보기

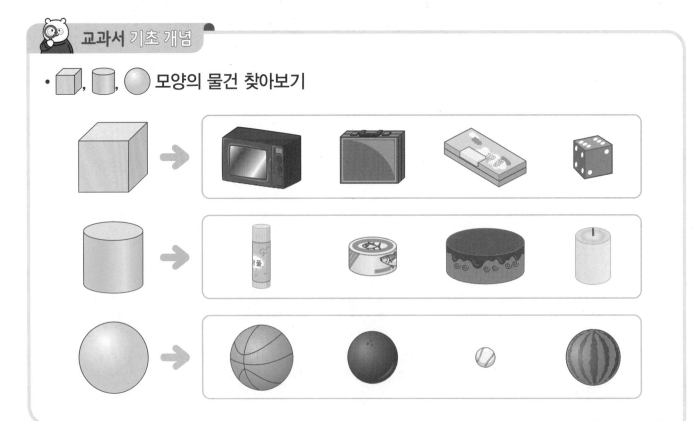

1-1 알맞은 모양을 찾아 ○표 하세요.

는 (, ⬭, ⚫) 모양

1-2 알맞은 모양을 찾아 ○표 하세요.

은 (, ⬭,) 모양

2-1 ⬜ 모양에 ○표 하세요.

(　　　　)　　(　　　　　)

2-2 ⬭ 모양에 ○표 하세요.

(　　　　)　　(　　　　　)

3-1 왼쪽과 같은 모양을 찾아 ○표 하세요.

3-2 왼쪽과 같은 모양을 찾아 ○표 하세요.

4-1 ⬭ 모양이 <u>아닌</u> 것을 찾아 ×표 하세요.

4-2 ⚫ 모양이 <u>아닌</u> 것을 찾아 ×표 하세요.

교과서 기초 개념

- ⬛, 🔵, ⚪ 모양의 물건을 같은 모양끼리 모으기

1-1 어떤 모양을 모았는지 ○표 하세요.

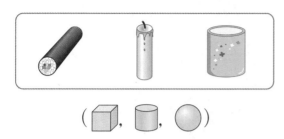

(🔲 , 🔵 , ⚪)

1-2 어떤 모양을 모았는지 ○표 하세요.

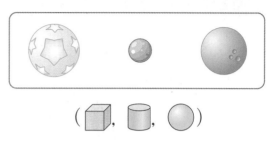

(🔲 , 🔵 , ⚪)

2-1 🔵 모양끼리 모은 것에 ○표 하세요.

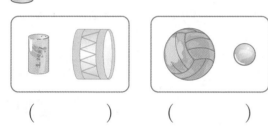

(   )   (   )

2-2 🔲 모양끼리 모은 것에 ○표 하세요.

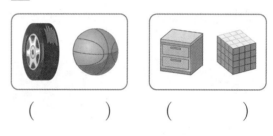

(   )   (   )

3-1 같은 모양끼리 이어 보세요.

  ·   ·

  ·   ·

  ·   ·

3-2 같은 모양끼리 이어 보세요.

  ·   ·

  ·   ·

  ·   ·

5일 기초 집중 연습

기본 문제 연습

1-1

1-2

2-1 같은 모양끼리 모은 것에 ○표 하세요.

(   )   (   )

2-2 같은 모양끼리 모은 것에 ○표 하세요.

 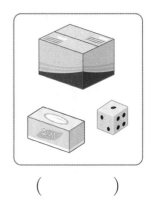

(   )   (   )

3-1 같은 모양끼리 모으려고 합니다. <u>잘못</u> 모은 물건에 ×표 하세요.

3-2 같은 모양끼리 모으려고 합니다. <u>잘못</u> 모은 물건에 ×표 하세요.

▶ 정답 및 풀이 6쪽

기초 → 기본 연습　찾으려는 모양에 표시를 하면서 수를 세자.

기초 ⬤ 모양에 모두 ○표 하세요.

(　　　)　(　　　)

(　　　)　(　　　)

4-1 ⬤ 모양은 모두 몇 개인가요?

답 _____

4-2 🔲 모양은 모두 몇 개인가요?

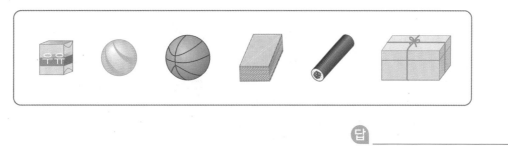

답 _____

4-3 🔘 모양이 <u>아닌</u> 것은 모두 몇 개인가요?

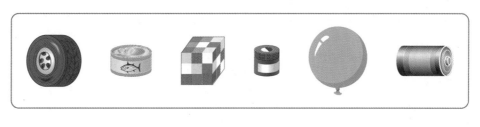

답 _____

누구나 100점 맞는 테스트

1 똑똑를 세어 알맞은 수에 ○표 하세요.

(1 , 2 , 3 , 4 , 5)

2 ⬤ 모양을 찾아 ○표 하세요.

3 모은 물건의 모양에 ○표 하세요.

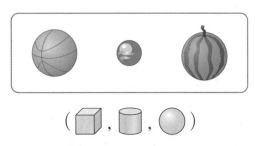

4 당근의 수를 세어 ☐ 안에 써넣으세요.

2 ☐ ☐

5 수를 두 가지 방법으로 읽어 보세요.

7

맞은 점수

/ 100점

6 더 큰 수를 빈칸에 써넣으세요.

9	8

9 순서에 알맞게 이어 보세요.

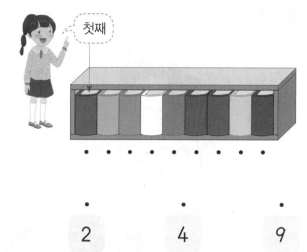

첫째

2   4   9

7 그림의 수보다 1만큼 더 작은 수를 써 보세요.

(   )

10  모양의 물건은 모두 몇 개인가요?

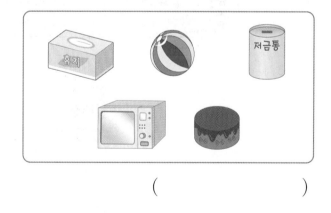

(   )

8 우석이는 앞에서 몇째에 타고 있나요?

영탁 수현 태연 우석 준희

(   )

창의 1 희재네 집에 유민이와 현수가 놀러왔어요.

 희재, 유민, 현수가 먹은 바나나는
몇 개씩일까?

희재	유민	현수

 지윤, 세훈, 두영이가 달리기 시합을 했어요. 세 사람은 모두 거짓말을 하고 있네요.

1주

특강

 지윤, 세훈, 두영이는
각각 몇 등일까?

지윤	세훈	두영

[3~4] 수를 읽을 때에는 상황에 따라 다르게 읽습니다. 그림을 보고 물음에 답하세요.

어린이날은 오 월 다섯 일이에요.

아라

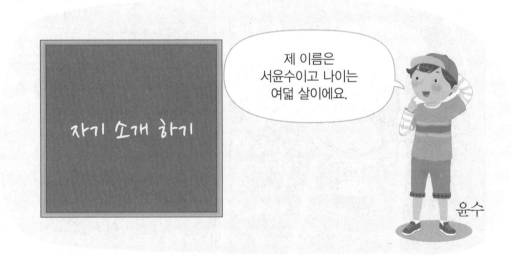

자기 소개 하기

제 이름은 서윤수이고 나이는 여덟 살이에요.

윤수

 3 수를 상황에 맞게 말한 사람의 이름을 쓰세요.

답 _____

 4 잘못 말한 것을 바르게 읽어 보세요.

답 _____

 유림이네 가족사진입니다. 곧 동생이 한 명 태어나면 유림이네 가족은 모두 몇 명이 되나요?

답 _____

 같은 모양을 따라 미로를 통과하려고 합니다. 지나가야 하는 길을 따라 선을 그어 보세요.

창의·융합·코딩

 융합**7** 오리가 알을 깨고 나오는 과정을 생각하며 순서를 써 보세요.

| 첫째 | | | |

 창의**8** 옳은 문장이 되도록 길을 따라 선을 그어 보세요.

(1)

I만큼 더 큰 수는

6보다

I만큼 더 작은 수는

5입니다.

(2)

I만큼 더 큰 수는

7보다

8입니다.

I만큼 더 작은 수는

코딩 9 　와 같이 로봇이 명령에 따라 움직입니다. 이때 로봇은 지나간 칸에 쓰여 있는 수 중에서 더 큰 수를 표시한다고 합니다.

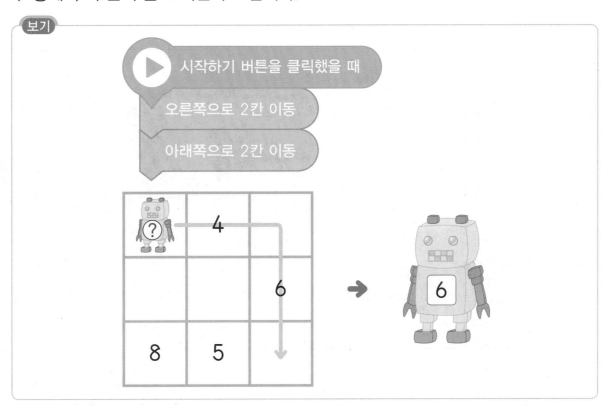

다음 명령에 따라 로봇이 움직일 때 로봇에 표시되는 수를 □ 안에 써 보세요.

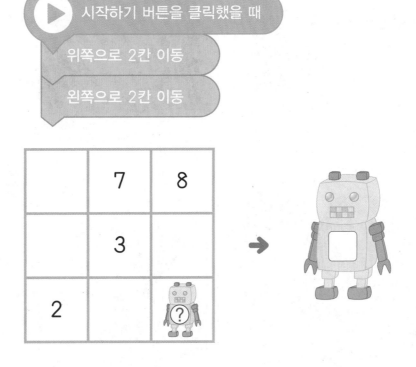

여러 가지 모양 ∼ 덧셈과 뺄셈

이번 주에는 무엇을 공부할까?

1일 여러 가지 모양 알아맞히기, 쌓고 굴리기 　**2일** 여러 가지 모양 만들기
3일 모으기와 가르기
4일 더하기로 나타내기, 덧셈하기
5일 빼기로 나타내기, 뺄셈하기

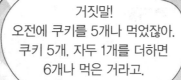

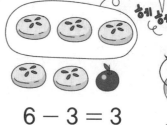

 교과서 기초 개념

 , , 모양의 특징 알아보기

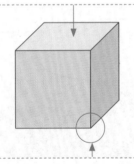

평평한 부분이 있어.

뾰족한 부분이 있어.

평평한 부분이 있어.

둥근 부분이 있어.

평평한 부분이 없어.

모든 부분이 둥글어.

[1-1 ~ 1-2] 왼쪽의 보이는 모양을 보고 알맞은 모양을 찾아 이어 보세요.

1-1

1-2

[2-1 ~ 2-2] 상자 속에 어떤 모양이 들어 있는지 ○표 하세요.

2-1

뽀족한
부분이 있어.

2-2

모든 부분이
둥글어.

[3-1 ~ 3-2] 보이는 모양과 같은 모양의 물건을 찾아 ○표 하세요.

3-1

3-2

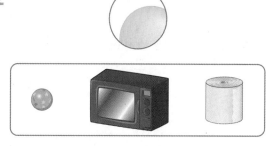

여러 가지 모양

여러 가지 모양 쌓고 굴리기

교과서 기초 개념

· 📦, 🛢, ⚪ 모양을 쌓아 보고 굴려 보기

1-1 알맞은 모양에 ○표 하세요.

> 둥근 부분이 없어서 잘 굴러가지 않는 모양은 (▢ , ⬭) 모양입니다.

1-2 알맞은 모양에 ○표 하세요.

> 눕혀서 굴리면 잘 굴러가는 모양은 (▢ , ⬭) 모양입니다.

2-1 알맞은 말에 ○표 하세요.

> ⚫ 모양은 잘 쌓을 수 (있습니다 , 없습니다).

2-2 알맞은 말에 ○표 하세요.

> ▢ 모양은 잘 쌓을 수 (있습니다 , 없습니다).

3-1 ⬭ 모양에 대해 <u>잘못</u> 말한 사람에 ○표 하세요.

> 잘 굴러가지 않아.

> 평평한 부분으로 쌓을 수 있어.

(   )   (   )

3-2 ⚫ 모양에 대해 바르게 말한 사람에 ○표 하세요.

> 잘 쌓을 수 있어.

> 잘 굴러가.

(   )   (   )

4-1 어느 쪽으로도 쌓기 쉬운 물건을 찾아 기호를 써 보세요.

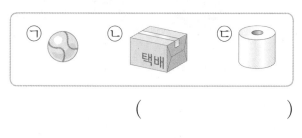

(   )

4-2 어느 방향으로도 잘 굴러가는 물건을 찾아 기호를 써 보세요.

(   )

기초 집중 연습

🐟 **기본 문제** 연습

1-1 둥근 부분만 있어서 잘 굴러가는 모양을 찾아 ○표 하세요.

1-2 평평한 부분만 있어서 잘 굴러가지 않는 모양을 찾아 ○표 하세요.

[**2-1** ~ **2-2**] 왼쪽의 보이는 모양을 보고 알맞은 물건을 찾아 이어 보세요.

2-1

2-2

3-1 잘 쌓을 수는 있지만 잘 굴러가지 <u>않는</u> 물건을 찾아 기호를 써 보세요.

(   )

3-2 쌓을 수도 있고 굴릴 수도 있는 물건을 찾아 기호를 써 보세요.

(   )

기초 → 기본 연습 모양의 특징에 알맞은 물건을 찾자.

기초 주어진 설명에 알맞은 모양을 찾아 ○표 하세요.

- 평평한 부분이 있습니다.
- 뾰족한 부분이 있습니다.

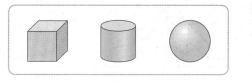

4-1 설명을 보고 모자 속에 들어 있는 물건을 찾아 기호를 써 보세요.

평평한 부분도 있고 뾰족한 부분도 있어.

답 _____

4-2 설명을 보고 모자 속에 들어 있는 물건을 찾아 기호를 써 보세요.

모든 부분이 둥글어.

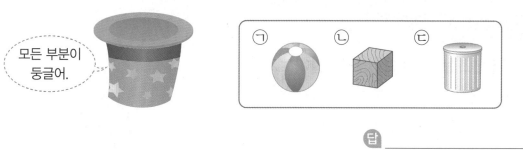

답 _____

4-3 설명을 보고 상자 안에 들어 있는 물건을 찾아 ○표 하세요.

상자 안의 물건은 평평한 부분도 있고 둥근 부분도 있네.

윤수

(   ) (   ) (   )

🐻 **교과서 기초 개념**

• **모양을 만드는 데 이용한 모양 알아보기**

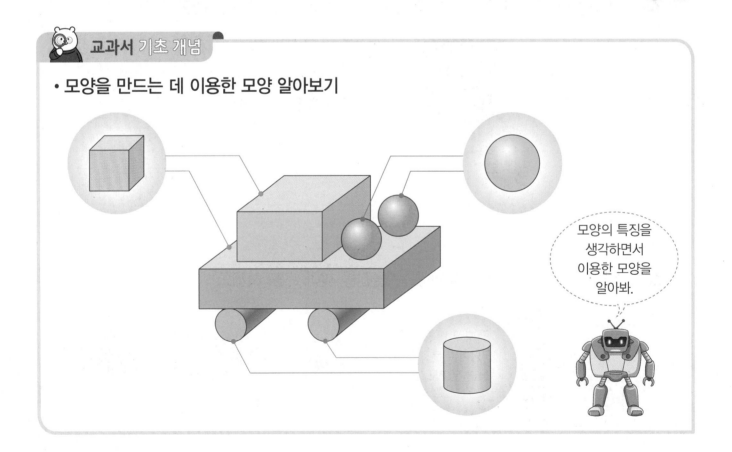

1-1 잠자리 눈은 어떤 모양으로 만들었는지 찾아 ○표 하세요.

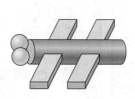

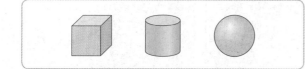

1-2 기차 바퀴는 어떤 모양으로 만들었는지 찾아 ○표 하세요.

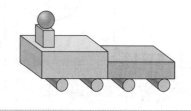

[**2-1** ~ **2-2**] 다음 모양은 한 가지 모양을 이용하여 만들었습니다. 이용한 모양을 찾아 ○표 하세요.

2-1

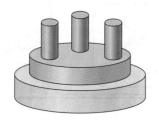

2-2

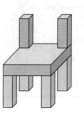

[**3-1** ~ **3-2**] 다음 모양을 만드는 데 이용하지 <u>않은</u> 모양을 찾아 ○표 하세요.

3-1

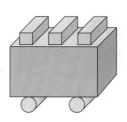

3-2

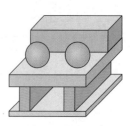

2주
2일

교과서 기초 개념

• 모양을 만드는 데 이용한 ⬜, 🔵, ⚪ 모양의 수 세어 보기

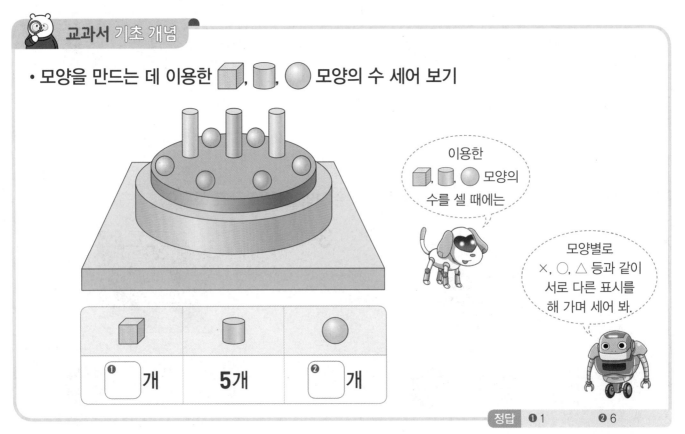

이용한 ⬜, 🔵, ⚪ 모양의 수를 셀 때에는

모양별로 ×, ○, △ 등과 같이 서로 다른 표시를 해 가며 세어 봐.

⬜	🔵	⚪
❶ 개	5개	❷ 개

정답 ❶ 1   ❷ 6

[1-1~ 1-2] 다음 모양을 만드는 데 이용한 모양을 찾아 ○표 하고 □ 안에 알맞은 수를 써넣으세요.

1-1

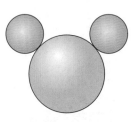

(⬛ , 🟦 , ⚪) 모양을

□ 개 이용하여 만들었습니다.

1-2

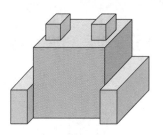

(⬛ , 🟦 , ⚪) 모양을

□ 개 이용하여 만들었습니다.

[2-1~ 2-2] 다음 모양을 만드는 데 주어진 모양을 몇 개 이용했는지 써 보세요.

2-1

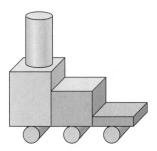

⬛ 모양 ➡ □ 개

2-2

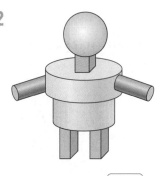

🟦 모양 ➡ □ 개

[3-1~ 3-2] 다음 모양을 만드는 데 ⬛, 🟦, ⚪ 모양을 각각 몇 개씩 이용했는지 써 보세요.

3-1

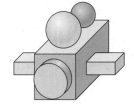

⬛	🟦	⚪
3개		

3-2

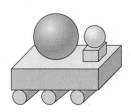

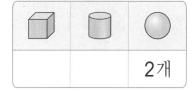

⬛	🟦	⚪
		2개

기본 문제 연습

[1-1 ~ 1-2] 다음 모양을 만드는 데 이용한 모양을 모두 찾아 ○표 하세요.

1-1

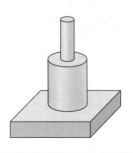

1-2

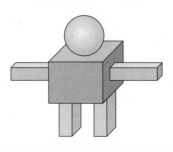

[2-1 ~ 2-2] 한 가지 모양만 이용하여 만든 모양에 ○표 하세요.

2-1

(   )   (   )

2-2

   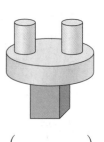

(   )   (   )

[3-1 ~ 3-2] 다음 모양을 만드는 데 ⬛, 🛢, ⚫ 모양을 각각 몇 개씩 이용했는지 써 보세요.

3-1

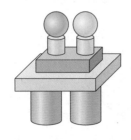

3-2

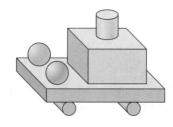

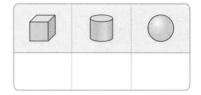

기초 → 기본 연습 | 만든 모양에서 주어진 모양을 하나씩 표시해 보자.

기초 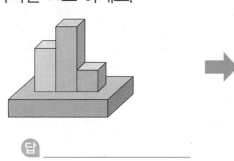 모양만 이용하여 만들었으면 ◯표, 아니면 ×표 하세요.

답 _____

4-1 보기 의 모양을 모두 이용하여 만들었으면 ◯표, 아니면 ×표 하세요.

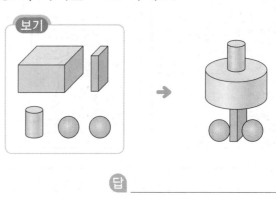

답 _____

4-2 보기 의 모양을 모두 이용하여 만들었으면 ◯표, 아니면 ×표 하세요.

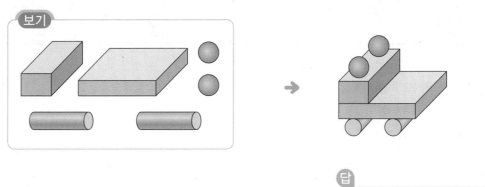

답 _____

2주
2일

4-3 보기 의 모양을 모두 이용하여 만든 모양을 찾아 기호를 써 보세요.

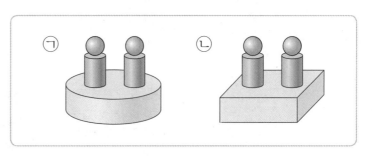

답 _____

아, 사고 싶다! 노래 대회 의상~

물고기를 잡아서 시장에 내다가 판 돈으로 옷을 살까요?

와!

할아버지, 저는 1마리를 잡았어요.

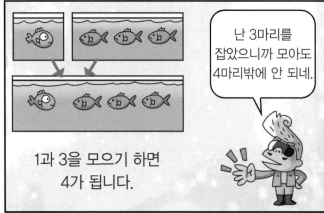

1과 3을 모으기 하면 4가 됩니다.

난 3마리를 잡았으니까 모아도 4마리밖에 안 되네.

물고기야, 어디 있니?? 물고기를 얼마나 더 잡아야 옷을 살 수 있으려나~

교과서 기초 개념

• 4를 모으기와 가르기

모으기	가르기

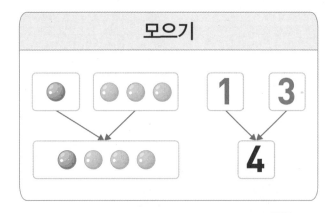

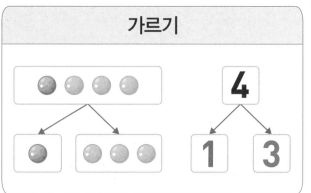

수를 모으기 하고 가르기 하는 방법은 여러 가지가 있어.

1-1 모으기를 해 보세요.

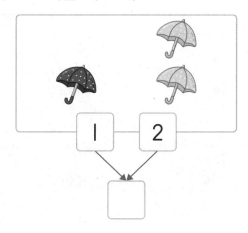

1-2 모으기를 해 보세요.

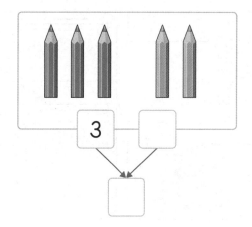

2-1 가르기를 해 보세요.

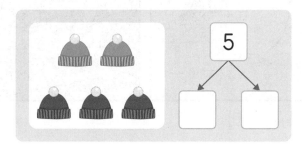

2-2 가르기를 해 보세요.

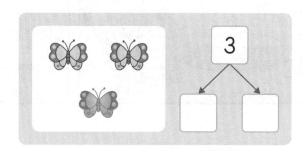

3-1 모으기를 해 보세요.

(1)
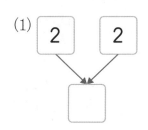

(2)
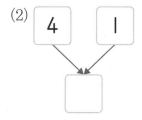

3-2 가르기를 해 보세요.

(1)
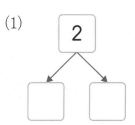

(2)
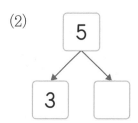

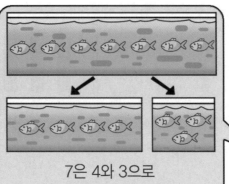

7은 4와 3으로 가르기 할 수 있습니다.

교과서 기초 개념

• 7을 모으기와 가르기

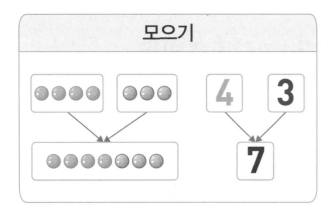
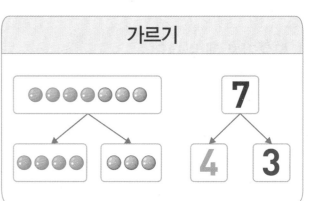

여러 가지 방법으로 수를 모으기 하고 가르기 할 수 있어.

▶ 정답 및 풀이 10쪽

1-1 모으기를 해 보세요.

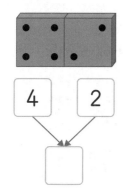

$$\boxed{4} \quad \boxed{2}$$

↓

$$\boxed{}$$

1-2 모으기를 해 보세요.

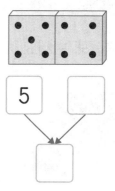

$$\boxed{5} \quad \boxed{}$$

↓

$$\boxed{}$$

2-1 가르기를 해 보세요.

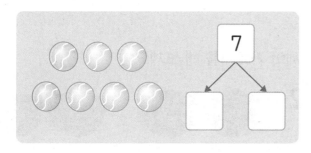

$$\boxed{7}$$

↓ ↓

$$\boxed{} \quad \boxed{}$$

2-2 가르기를 해 보세요.

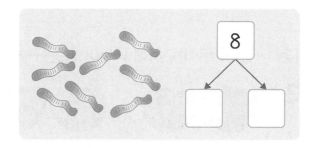

$$\boxed{8}$$

↓ ↓

$$\boxed{} \quad \boxed{}$$

2주 3일

3-1 모으기를 해 보세요.

(1)

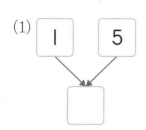

$$\boxed{1} \quad \boxed{5}$$

↓

$$\boxed{}$$

(2)

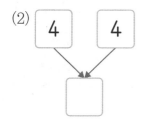

$$\boxed{4} \quad \boxed{4}$$

↓

$$\boxed{}$$

3-2 가르기를 해 보세요.

(1)

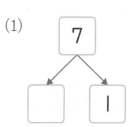

$$\boxed{7}$$

↓ ↓

$$\boxed{} \quad \boxed{1}$$

(2)

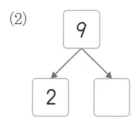

$$\boxed{9}$$

↓ ↓

$$\boxed{2} \quad \boxed{}$$

3일 기초 집중 연습

1-1 모으기를 해 보세요.

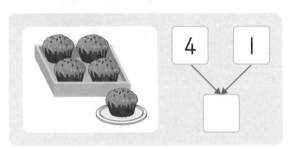

1-2 가르기를 해 보세요.

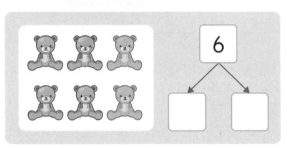

[**2-1** ~ **2-2**] 두 바구니에 나누어 담은 구슬의 수를 세어 가르기를 해 보세요.

2-1

2-2

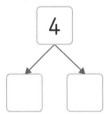

3-1 모아서 리본 6개가 되도록 이어 보세요.

3-2 모아서 사탕 9개가 되도록 이어 보세요.

 기초 → 문장제 연습 '나누어 가진 것'은 수를 가르기 하여 구하자.

기초 수를 가르기 해 보세요.

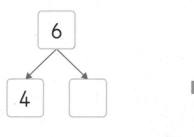

이 가르기가 어떤 상황에서
이용될까요?

4-1 구슬 6개를 양손에 나누어 가졌습니다.
오른손에 있는 구슬은 몇 개인가요?

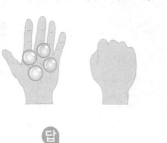

답 _____

4-2 케이크 5조각을 두 접시에 나누어 담았습니다. 오른쪽 접시에 담은 케이크는
몇 조각인가요?

답 _____

4-3 딸기 8개를 두 사람이 나누어 가졌습니다. 우석이가 가진 딸기는 몇 개인가요?

수현   우석

답 _____

🐼 **교과서 기초 개념**

• 덧셈식을 쓰고 읽기

쓰기 **3 + 2 = 5**

읽기 ① **3** 더하기 **2**는 **5**와 같습니다.

② **3** 과 **2**의 합은 **5**입니다.

더하기는 **+** 로, 같다는 **=** 로 나타내.

개념·원리 확인

▶정답 및 풀이 11쪽

1-1 그림에 알맞은 덧셈식을 써 보세요.

$$3+1=\boxed{}$$

1-2 그림에 알맞은 덧셈식을 써 보세요.

$$2+4=\boxed{}$$

2-1 그림에 알맞은 덧셈식을 써 보세요.

(1)

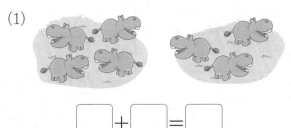

$$\boxed{}+\boxed{}=\boxed{}$$

(2)

$$\boxed{}+\boxed{}=\boxed{}$$

2-2 그림에 알맞은 덧셈식을 써 보세요.

(1)

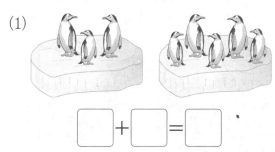

$$\boxed{}+\boxed{}=\boxed{}$$

(2)

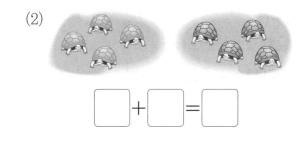

$$\boxed{}+\boxed{}=\boxed{}$$

3-1 덧셈식을 쓰고 읽어 보세요.

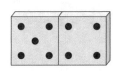

쓰기 $\boxed{}+4=\boxed{}$

읽기 $\boxed{}$ 더하기 4는 $\boxed{}$ 와 같습니다.

3-2 덧셈식을 쓰고 읽어 보세요.

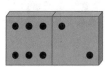

쓰기 $6+\boxed{}=\boxed{}$

읽기 6과 $\boxed{}$ 의 $\boxed{}$ 은 $\boxed{}$ 입니다.

2주
4일

 교과서 **기초 개념**

- 덧셈 4+3을 해 보기

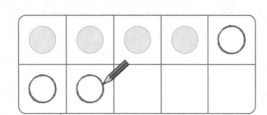

$$4+3=\boxed{7}$$

4 다음에 ○를 3개 그리면서
5, 6, 7을 세면 4+3=7이야.

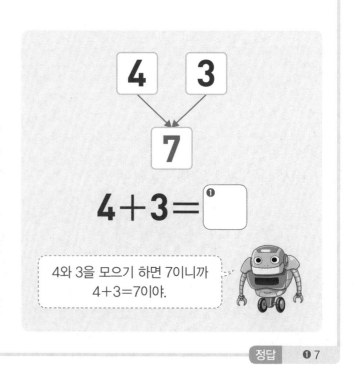

$$4+3=\boxed{}^{\textcircled{1}}$$

4와 3을 모으기 하면 7이니까
4+3=7이야.

정답 ❶ 7

1-1 그림을 보고 덧셈을 해 보세요.

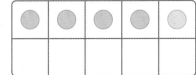

$$4+1=\boxed{}$$

1-2 그림을 보고 덧셈을 해 보세요.

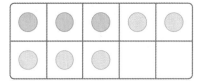

$$3+5=\boxed{}$$

[**2-1** ~ **2-2**] 그림을 보고 모으기를 하여 덧셈을 해 보세요.

2-1

$$\boxed{5}\quad\boxed{2}$$

$$\boxed{}$$

$$\boxed{}+\boxed{}=\boxed{}$$

2-2

$$\boxed{3}\quad\boxed{3}$$

$$\boxed{}$$

$$\boxed{}+\boxed{}=\boxed{}$$

2주
4일

3-1 ○를 더 그려 덧셈을 해 보세요.

$$1+8=\boxed{}$$

○				

3-2 ○를 더 그려 덧셈을 해 보세요.

$$6+2=\boxed{}$$

○	○	○	○	○
○				

기초 집중 연습

1-1 모으기를 하여 덧셈을 해 보세요.

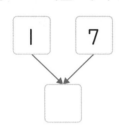

□ + □ = □

(I + 7 = □)

1-2 모으기를 하여 덧셈을 해 보세요.

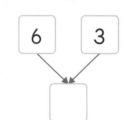

6 + 3 = □

2-1 그림을 보고 덧셈식을 써 보세요.

식 _____

2-2 그림을 보고 덧셈식을 써 보세요.

식 _____

[**3-1** ~ **3-2**] 그림에 알맞은 식을 찾아 이어 보고, 이은 식을 계산해 보세요.

3-1

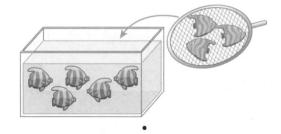

4 + 3 = □   5 + 3 = □

3-2

2 + 5 = □   2 + 4 = □

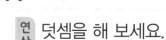 '모두 몇인지' 구할 때는 덧셈으로 구하자.

연산 덧셈을 해 보세요.

$$3 + 1 = \boxed{}$$

이 덧셈식은 어떻게 이용될까요?

4-1 그네를 타고 있는 어린이가 3명 있습니다. 그네를 타러 1명이 더 왔다면 어린이는 모두 몇 명이 되었나요?

식 $\boxed{} + \boxed{} = \boxed{}$

답 _____

2주 4일

4-2 주차장에 자동차가 2대 있습니다. 자동차가 3대 더 왔다면 자동차는 모두 몇 대가 되었나요?

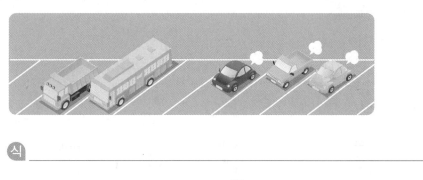

식 _____

답 _____

4-3 접시에 사과가 4개, 배가 4개 담겨 있습니다. 사과와 배는 모두 몇 개인가요?

식 _____

답 _____

$5 - 2 = 3$

 교과서 기초 개념

• 뺄셈식을 쓰고 읽기

빼기는 ㅡ로, 같다는 =로 나타내.

쓰기

$$5 - 2 = 3$$

구슬 5개와 공 2개를 비교하면 구슬이 3개 더 많아.
$5-2=3$

읽기 ① **5** 빼기 **2**는 **3**과 같습니다.

② **5** 와 **2**의 차는 **3**입니다.

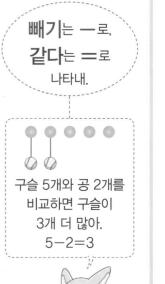

1-1 그림에 알맞은 뺄셈식을 써 보세요.

$5-1=$ ☐

1-2 그림에 알맞은 뺄셈식을 써 보세요.

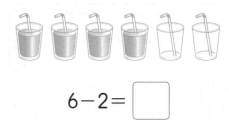

$6-2=$ ☐

2-1 그림에 알맞은 뺄셈식을 써 보세요.

(1)
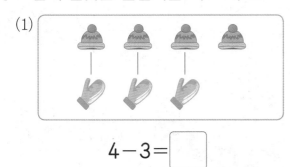

$4-3=$ ☐

(2)
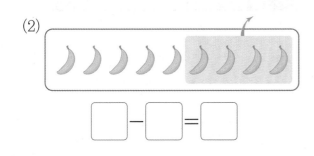

☐ $-$ ☐ $=$ ☐

2-2 그림에 알맞은 뺄셈식을 써 보세요.

(1)
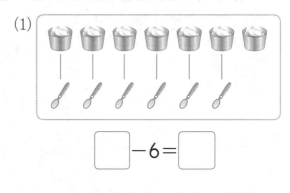

☐ $-6=$ ☐

(2)
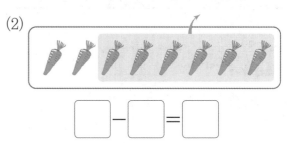

☐ $-$ ☐ $=$ ☐

3-1 뺄셈식을 쓰고 읽어 보세요.

쓰기 $8-3=$ ☐

읽기 8과 ☐ 의 ☐ 는 ☐ 입니다.

3-2 뺄셈식을 쓰고 읽어 보세요.

쓰기 $4-2=$ ☐

읽기 4 ☐ 2는 ☐ 와 같습니다.

 교과서 기초 개념

- 뺄셈 7−3을 해 보기

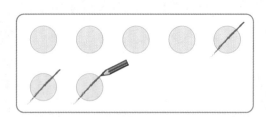

$$7-3=\boxed{4}$$

$$7-3=\boxed{\ \ }^{\text{①}}$$

 7개 중에서 3개를 지우면 4개가 남으니까 7−3=4야.

7은 3과 4로 가르기 할 수 있으니까 7−3=4야.

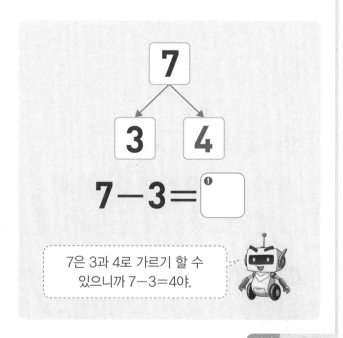

정답 ❶4

1-1 그림을 보고 뺄셈을 해 보세요.

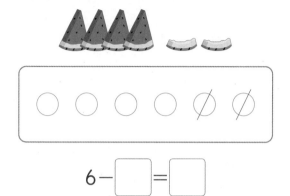

$6 - \boxed{} = \boxed{}$

1-2 그림을 보고 뺄셈을 해 보세요.

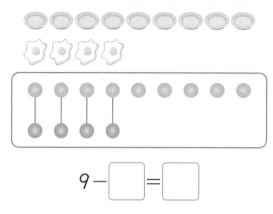

$9 - \boxed{} = \boxed{}$

[**2-1** ~ **2-2**] 그림을 보고 가르기를 하여 뺄셈을 해 보세요.

2-1

```
        5
      ↙   ↘
    3       □
```

$\boxed{} - \boxed{} = \boxed{}$

2-2

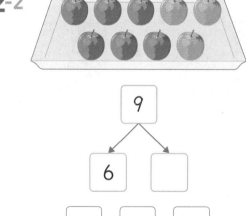

```
        9
      ↙   ↘
    6       □
```

$\boxed{} - \boxed{} = \boxed{}$

3-1 그림을 그려 뺄셈을 해 보세요.

$7 - 2 = \boxed{}$

3-2 그림을 그려 뺄셈을 해 보세요.

$8 - 5 = \boxed{}$

기초 집중 연습

기본 문제 연습

1-1 가르기를 하여 뺄셈을 해 보세요.

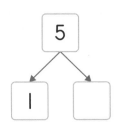

$5 - 1 = \boxed{}$

1-2 가르기를 하여 뺄셈을 해 보세요.

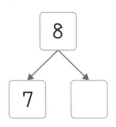

$8 - 7 = \boxed{}$

2-1 그림에 알맞은 뺄셈식을 써 보세요.

식 _____

2-2 그림에 알맞은 뺄셈식을 써 보세요.

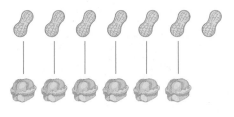

식 _____

[**3-1** ~ **3-2**] 그림에 알맞은 식을 찾아 이어 보고, 이은 식을 계산해 보세요.

3-1

· · $5 - 1 = \boxed{}$

· · $6 - 2 = \boxed{}$

3-2

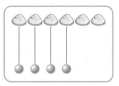

· · $7 - 5 = \boxed{}$

· · $6 - 4 = \boxed{}$

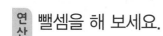 연산 → 문장제 연습 　'남아 있는 것이 몇인지' 구할 때는 뺄셈으로 구하자.

 빨셈을 해 보세요.

$$4 - 1 = \boxed{}$$

 이 뺄셈식은 어떻게 이용될까요?

4-1 풍선 4개 중에서 1개가 터졌습니다. 남아 있는 풍선은 몇 개인가요?

식　$\boxed{} - \boxed{} = \boxed{}$

답 _____

4-2 울타리 안에 있던 돼지 7마리 중에서 2마리가 나갔습니다. 울타리 안에 남아 있는 돼지는 몇 마리인가요?

식 _____

답 _____

4-3 바나나 9개 중에서 3개를 먹었습니다. 남아 있는 바나나는 몇 개인가요?

식 _____

답 _____

1 그림을 보고 ☐ 안에 알맞은 수를 써넣으세요.

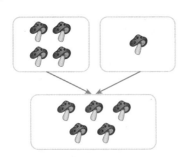

4와 1을 모으기 하면 ☐가 됩니다.

2 수현이가 다음 모양을 만드는 데 이용한 모양을 찾아 ○표 하세요.

아래 모양은
한 가지 모양을
이용해서 만들었어.

3 모으기와 가르기를 해 보세요.

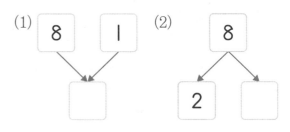

4 도미노의 점을 보고 덧셈을 해 보세요.

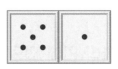

$5+1=$ ☐

5 그림을 보고 뺄셈을 해 보세요.

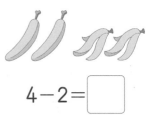

$4-2=$ ☐

6 왼쪽의 보이는 모양을 보고 알맞은 물건을 찾아 이어 보세요.

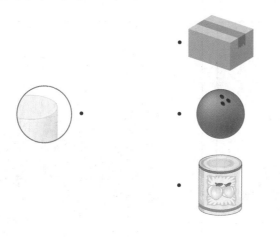

7 빈칸에 알맞은 수를 써넣으세요.

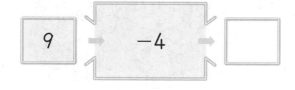

8 🔵 모양에 대한 설명으로 옳은 것을 찾아 기호를 쓰세요.

┌─────────────────────────┐
│ ㉠ 위와 아래가 평평합니다.   │
│ ㉡ 둥근 부분만 있습니다.   │
└─────────────────────────┘

(   )

9 주차장에 승용차가 4대, 트럭이 3대 있습니다. 자동차가 모두 몇 대 있나요?

식 _____

답 _____

10 기차 모양을 만드는 데 🛢 모양을 몇 개 이용했나요?

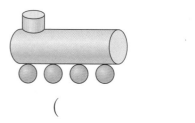

(   )

2주
평가

주말에 시연, 다혜, 지수가 공원에 놀러갔어요.

 시연, 다혜, 지수가 어떤 순서로 서서
사진을 찍었을지 이름을 써 볼까?

야구 선수들의 나이는?

 어린이 야구단의 선수들이 시합을 준비하고 있어요.

이 야구단에 3명의 유망주가 있네요.

지금 보니 세 선수의 나이가 7살, 8살, 9살로 모두 다르군요.

2주

특강

• 선수 이름: 이영우
• 달리기가 빨라서 도루를 잘함.

• 선수 이름: 김민수
• 실력이 뛰어난 투수
• 이영우 선수보다 어림.

• 선수 이름: 정재호
• 공을 잘 치는 타자
• 이영우 선수보다 1살 많음.

세 선수의 나이는 각각 몇 살일까?

이영우	김민수	정재호

융합 **3** 장난감 자동차의 바퀴를 만들려고 합니다. 알맞은 모양에 ○표 하세요.

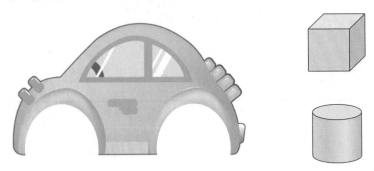

창의 **4** 구슬을 양쪽에 똑같이 가르기 하여 ○를 그리고 ☐ 안에 수를 써넣으세요.

(1)   **4**   (2)   **6**

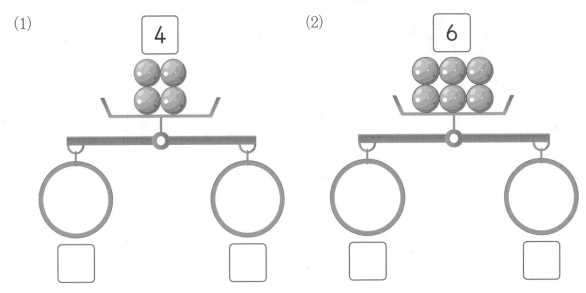

▶ 정답 및 풀이 14쪽

[5~6] 보기 와 같이 덧셈을 해 보세요.

보기

$$3 + 1 = 4$$

창의 5

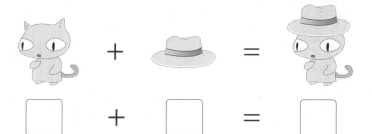

$$\boxed{} + \boxed{} = \boxed{}$$

창의 6

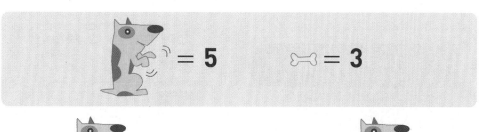

$$\boxed{} + \boxed{} = \boxed{}$$

[7~8] 보기 와 같이 분홍색 카드부터 시작하여 왼쪽의 명령에 따라 움직이면서 계산해 보세요.

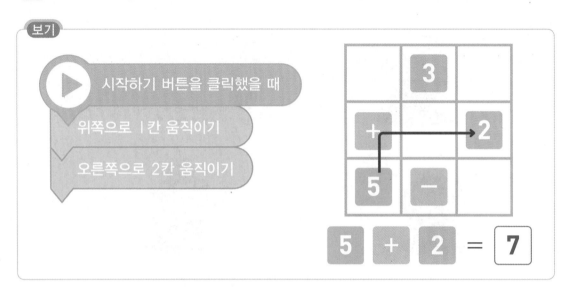

보기

▶ 시작하기 버튼을 클릭했을 때

위쪽으로 1칸 움직이기

오른쪽으로 2칸 움직이기

$$5 + 2 = 7$$

코딩 7

▶ 시작하기 버튼을 클릭했을 때

오른쪽으로 1칸 움직이기

아래쪽으로 1칸 움직이기

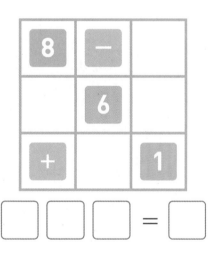

$$\boxed{}\ \boxed{}\ \boxed{} = \boxed{}$$

코딩 8

▶ 시작하기 버튼을 클릭했을 때

아래쪽으로 2칸 움직이기

왼쪽으로 1칸 움직이기

$$\boxed{}\ \boxed{}\ \boxed{} = \boxed{}$$

융합 9 수를 나타내는 한자는 다음과 같습니다. 가르기와 모으기를 하여 빈칸에 알맞은 수를 숫자로 써 보세요.

1	一	4	四	7	七
2	二	5	五	8	八
3	三	6	六	9	九

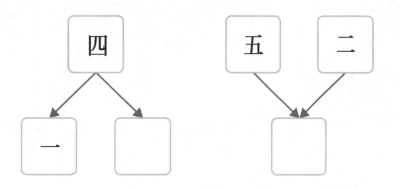

창의 10 금고를 열려면 합이 3이 되는 버튼 두 개를 동시에 눌러야 합니다. 눌러야 하는 두 개의 버튼에 색칠해 보세요.

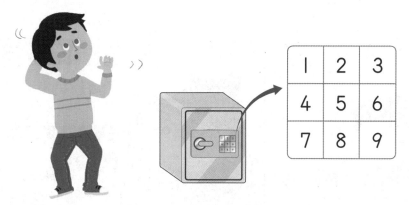

3주 덧셈과 뺄셈 ~ 비교하기

엉망이 된 꽃밭

너희가 너무 싸워서 꽃밭이 엉망이 되어버렸잖아!

으악~!

어떡하지? 며칠 후면 꽃축제가 시작될텐데…….

지금이라도 심어 보자!

좋아~!

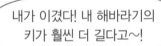
며칠 후

내 해바라기 봐. 정말 크다.

무슨 소리! 내 해바라기가 더 크다고.

싸우지마. 비교해 보면 되지!

웬디의 해바라기 존의 해바라기

아래가 맞추어져 있을 경우 위 끝을 비교하면 돼.

내가 이겼다! 내 해바라기의 키가 훨씬 더 길다고~!

첫

두 물건이나 사람의 키를 비교할 때에는 '더 크다', '더 작다'라고 해야지.

'더 길다', '더 짧다'는 두 물건의 길이를 비교할 때 쓰는 말이야.

그렇구나~!

이번 주에는 무엇을 공부할까?

- **1일** 0이 있는 덧셈, 뺄셈
- **2일** 길이 비교하기
- **3일** 키, 높이 비교하기
- **4일** 무게, 넓이 비교하기
- **5일** 담을 수 있는 양, 담긴 양 비교하기

교과서 기초 개념

• 0이 있는 덧셈하기

예

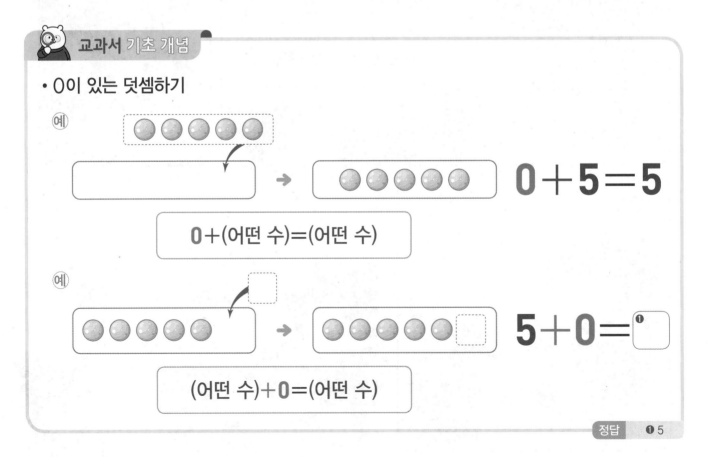

$$0 + 5 = 5$$

$$0 + (어떤 수) = (어떤 수)$$

예

$$5 + 0 = \boxed{\text{①}}$$

$$(어떤 수) + 0 = (어떤 수)$$

정답 ● 5

[1-1 ~ 1-2] 그림을 보고 ☐ 안에 알맞은 수를 써넣으세요.

1-1

왼쪽 접시에 있는 만두: 0개

오른쪽 접시에 있는 만두: ☐개

➜ 만두는 모두

0+☐=☐(개)입니다.

1-2

왼쪽 접시에 있는 귤: 8개

오른쪽 접시에 있는 귤: ☐개

➜ 귤은 모두

8+☐=☐(개)입니다.

[2-1 ~ 2-2] 그림을 보고 덧셈식을 완성해 보세요.

2-1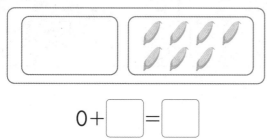

0+☐=☐

2-2

☐+☐=☐

[3-1 ~ 3-2] ☐ 안에 알맞은 수를 써넣으세요.

3-1 0+2=☐

3-2 9+0=☐

[4-1 ~ 4-2] 값이 다른 하나를 찾아 ◯표 하세요.

4-1 | 0+5   1+3   4+0 |

4-2 | 8+0   4+4   0+4 |

3주
1일

 교과서 기초 개념

• 0이 있는 뺄셈하기

(예)  →

$$5-0=5$$

(어떤 수)−0=(어떤 수)

(예)  →

$$5-5=\boxed{❶}$$

(어떤 수)−(어떤 수)=0

 어떤 수에서 그 수
전체를 빼면 0이 돼.

정답 ❶ 0

[1-1 ~ 1-2] 그림을 보고 ☐ 안에 알맞은 수를 써넣으세요.

1-1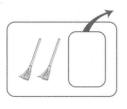

$2-0=$ ☐

1-2

☐ $-0=$ ☐

[2-1 ~ 2-2] 주어진 것을 구하는 식을 써 보세요.

2-1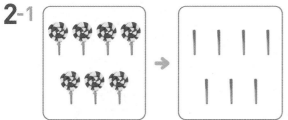

남은 사탕의 수

→식 _____ $7-$ ☐ $=$ ☐

2-2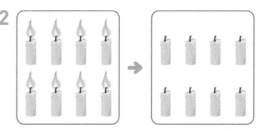

켜져 있는 초의 수

→식 _____ $8-$ ☐ $=$ ☐

[3-1 ~ 3-2] ☐ 안에 알맞은 수를 써넣으세요.

3-1 $5-0=$ ☐

3-2 $4-4=$ ☐

[4-1 ~ 4-2] 계산이 바른 것에 ○표 하세요.

4-1 $8-0=8$ $8-8=8$

( )   ( )

4-2 $3-0=0$ $3-3=0$

( )   ( )

기초 집중 연습

🐟 기본 문제 연습

[1-1 ~ 1-2] ☐ 안에 알맞은 수를 써넣으세요.

1-1 (1) $0+7=$ ☐

(2) $4+0=$ ☐

1-2 (1) $3-0=$ ☐

(2) $6-6=$ ☐

[2-1 ~ 2-2] $+$, $-$ 중에서 ☐ 안에 알맞은 기호를 써넣으세요.

2-1 0 ☐ $5=5$

2-2 8 ☐ $8=0$

[3-1 ~ 3-2] 빈칸에 알맞은 수를 써넣으세요.

3-1

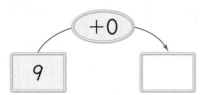

3-2

4-1 합이 3인 덧셈식을 만들었습니다. ☐ 안에 알맞은 수를 써넣으세요.

☐$+3=3$

☐$+2=3$

$2+$☐$=3$

☐$+0=3$

4-2 차가 0인 뺄셈식을 만들었습니다. ☐ 안에 알맞은 수를 써넣으세요.

$1-$☐$=0$

$2-$☐$=0$

☐$-3=0$

☐$-4=0$

▶정답 및 풀이 16쪽

연산 → 문장제 연습   '남은 것이 몇인지' 구할 때에는 뺄셈으로 구하자.

 연산 계산해 보세요.

$$3 - 3 = \boxed{}$$

이 뺄셈식은 어떤 상황에서 사용될까요?

5-1 접시 위에 자두가 3개 있었습니다. 그중 수민이가 3개를 먹었습니다. 접시 위에 남은 자두는 몇 개인가요?

식 $\boxed{} - \boxed{} = \boxed{}$ _____

답 _____

5-2 승철이는 초콜릿 8개를 가지고 있었습니다. 그중 8개를 동생에게 주었습니다. 승철이에게 남은 초콜릿은 몇 개인가요?

식 _____

답 _____

5-3 도서관 책장 한 칸에 9권의 책이 있었습니다. 중간에 책을 빌려 간 사람이 없었다면 책장에 남은 책은 몇 권인가요?

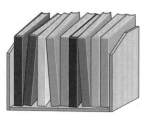

식 _____

답 _____

3주
1일

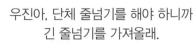

우진아, 단체 줄넘기를 해야 하니까 긴 줄넘기를 가져올래.

네, 선생님~

어떤 걸 가져가지? 그냥 아무거나 가져 가자.

이건 1인용 줄넘기라 너무 짧아서 단체 줄넘기는 못하겠는데?

선생님! 제가 더 긴 줄넘기를 가져올게요.

우진이가 가져온 줄넘기가 더 짧네.

예은이가 가져온 줄넘기가 더 길어.

헤헤… 실수지 실수~

체육부장 맞아?

교과서 기초 개념

• 두 가지 물건의 길이 비교하기

(예)

연필 → **더 길다**

볼펜 → **더 짧다**

한쪽 끝을 맞춘 후 다른 쪽 끝을 비교합니다.

- 연필은 볼펜보다 더 깁니다.
- 볼펜은 연필보다 더 ❶ [   ] .

한쪽 끝이 맞추어져 있을 때 다른 쪽 끝이 남는 쪽이 더 길어.

참고

오른쪽 끝이 맞추어져 있을 때에는 왼쪽 끝을 비교합니다.

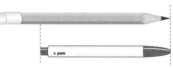

정답 ❶ 짧습니다

[1-1 ~ 1-2] 그림을 보고 알맞은 말에 ○표 하세요.

1-1 지우개

가위

지우개는 가위보다
더 (깁니다 , 짧습니다).

1-2 자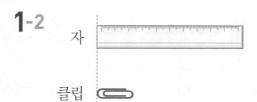

클립

자는 클립보다
더 (깁니다 , 짧습니다).

[2-1 ~ 2-2] 더 긴 것을 찾아 ○표 하세요.

2-1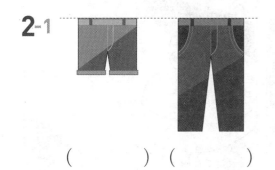

(　　) (　　)

2-2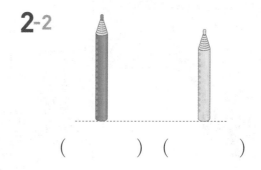

(　　) (　　)

[3-1 ~ 3-2] 더 짧은 것을 찾아 △표 하세요.

3-1

(　　)

(　　)

3-2

(　　)

(　　)

[4-1 ~ 4-2] 길이를 비교하여 ☐ 안에 알맞은 말을 써넣으세요.

4-1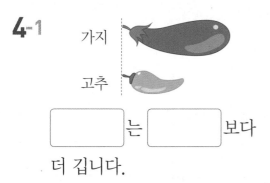
가지

고추

☐ 는 ☐ 보다
더 깁니다.

4-2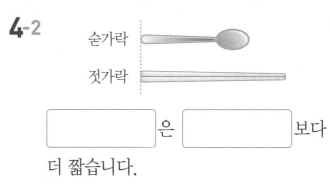
숟가락

젓가락

☐ 은 ☐ 보다
더 짧습니다.

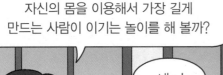

교과서 기초 개념

• 세 가지 물건의 길이 비교하기

예

자 → **가장 길다**

연필

크레파스 → **가장 짧다**

한쪽 끝을 맞춘 후 다른 쪽 끝을 비교합니다.

• 자가 가장 ❶ _____ .

• ❷ _____ 가 가장 짧습니다.

[**1**-1~**1**-2] 가장 긴 것을 찾아 ○표 하세요.

1-1 ( )
( )
( )

1-2 ( )
( )
( )

[**2**-1~**2**-2] 가장 짧은 것을 찾아 이름을 쓰세요.

2-1 망치
우산
압정

( )

2-2 빗자루
삽
지팡이

( )

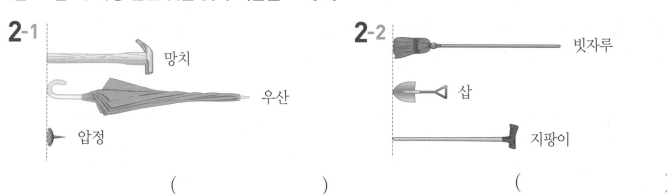

3주
2일

[**3**-1~**3**-2] 길이를 비교하여 ☐ 안에 알맞은 말을 써넣으세요.

3-1

3-2

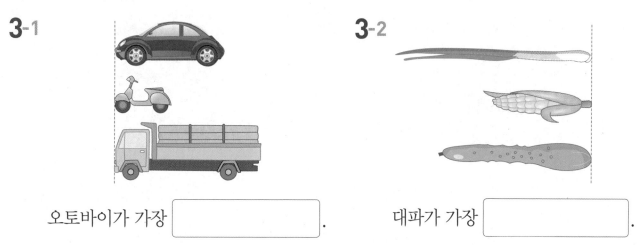

오토바이가 가장 ☐.

대파가 가장 ☐.

기본 문제 연습

1-1 필통보다 더 긴 것에 ○표 하세요.

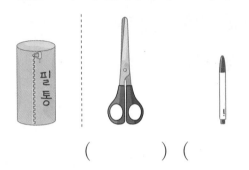

(   ) (   )

1-2 치약보다 더 짧은 것에 △표 하세요.

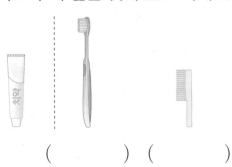

(   ) (   )

[**2-1** ~ **2-2**] 관계있는 것끼리 이어 보세요.

2-1

가장 길다   가장 짧다

2-2

가장 길다   가장 짧다

[**3-1** ~ **3-2**] 길이를 비교하여 ☐ 안에 알맞은 말을 써넣으세요.

3-1

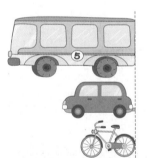

버스

승용차

자전거

☐ 는 승용차보다 더 깁니다.

☐ 는 승용차보다 더 짧습니다.

3-2

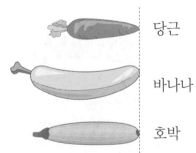

당근

바나나

호박

☐ 은 호박보다 더 짧습니다.

☐ 는 호박보다 더 깁니다.

기초 → 기본 연습   한쪽 끝을 기준으로 하여 더 긴(짧은) 것을 찾자.

기초 하늘색 테이프보다 더 긴 것을 찾아 ○표 하세요.

(   )

(   )

(   )

4-1 연필보다 더 긴 물건의 이름을 쓰세요.

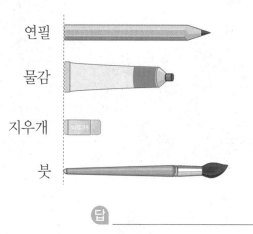

연필

물감

지우개

붓

답 _____

4-2 양말보다 더 짧은 물건의 이름을 쓰세요.

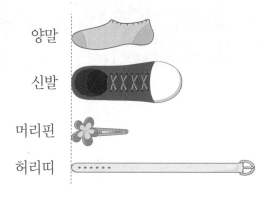

양말

신발

머리핀

허리띠

답 _____

4-3 가위보다 더 긴 물건의 이름을 쓰세요.

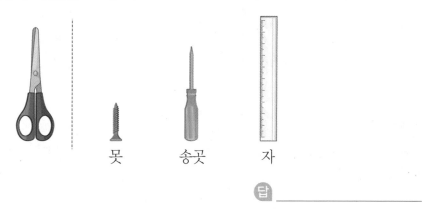

못   송곳   자

답 _____

3주
2일

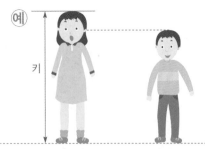

교과서 기초 개념

• 키 비교하기

(1) 두 사람의 키 비교

더 크다   더 작다

아래쪽이 맞추어져 있을 때
위쪽 끝이 남는 사람의 키가 더 커.

(2) 세 사람의 키 비교

가장 크다   가장 작다

여러 사람의 키를 비교할 때에는
가장 크다, **가장 작다**로 나타내.

1-1 키가 더 큰 사람에 ○표 하세요.

(　　) 　 (　　)

1-2 키가 더 큰 동물에 ○표 하세요.

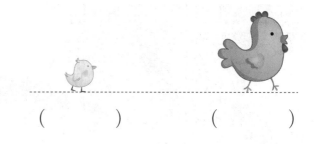

(　　) 　 (　　)

2-1 키가 더 작은 쪽에 △표 하세요.

(　　) 　 (　　)

2-2 키가 더 작은 쪽에 △표 하세요.

(　　) 　 (　　)

3-1 키를 비교하여 □ 안에 알맞은 이름을 써넣으세요.

민하　　　　정우

　　　는 　　　보다 키가 더 큽니다.

3-2 키를 비교하여 □ 안에 알맞은 동물의 이름을 써넣으세요.

사슴　　　　기린

　　　은 　　　보다 키가 더 작습니다.

교과서 기초 개념

• 높이 비교하기

(1) 두 물건의 높이 비교

더 높다 　　 더 낮다

- 나무는 자동차보다 더 높습니다.
- 자동차는 나무보다
  더 ❶ [   ].

(2) 세 물건의 높이 비교

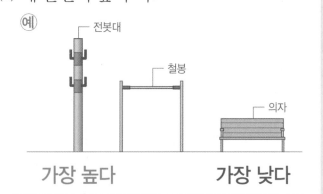

가장 높다 　　 가장 낮다

- 전봇대가 가장 ❷ [   ].
- 의자가 가장 낮습니다.

정답 ❶ 낮습니다 　 ❷ 높습니다

1-1 알맞은 말에 ○표 하세요.

냉장고는 전자레인지보다
더 (높습니다 , 낮습니다).

1-2 알맞은 말에 ○표 하세요.

책상은 서랍장보다
더 (높습니다 , 낮습니다).

2-1 더 높은 것에 ○표 하세요.

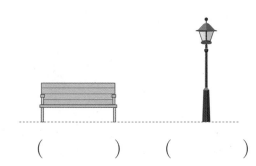

(   )   (   )

2-2 더 낮은 것에 △표 하세요.

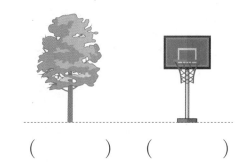

(   )   (   )

3-1 가장 높은 것의 기호를 쓰세요.

가   나   다

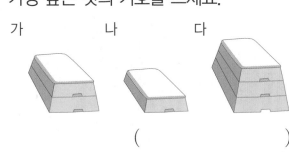

(   )

3-2 가장 낮은 것의 기호를 쓰세요.

가   나   다

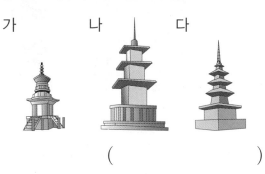

(   )

3주
3일

기초 집중 연습

기본 문제 연습

1-1 왼쪽 동물보다 키가 더 큰 동물에 ◯표 하세요.

(   ) (   )

1-2 왼쪽 블록보다 더 높은 것에 ◯표 하세요.

(   ) (   )

2-1 키가 더 작은 사람의 이름을 쓰세요

민지   지호

(   )

2-2 더 높은 나무의 기호를 쓰세요.

가   나

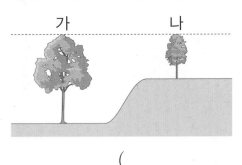

(   )

[3-1 ~ 3-2] 그림을 보고 ☐ 안에 알맞은 이름을 써넣으세요.

3-1

승희   민재   은우

승희는 ☐ 보다 키가 더 크고,

☐ 보다 키가 더 작습니다.

3-2

까치

앵무새

참새

앵무새는 ☐ 보다 더 높고,

☐ 보다 더 낮습니다.

기초 → 기본 연습 높이 또는 키를 비교하여 알맞은 문장을 만들자.

기초 더 높은 것에 ○표 하세요.

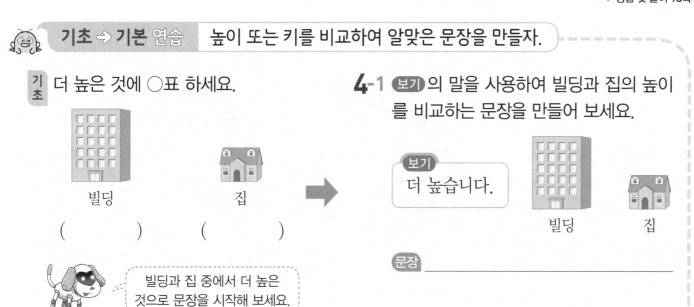

빌딩 ( ) 집 ( )

빌딩과 집 중에서 더 높은 것으로 문장을 시작해 보세요.

4-1 보기의 말을 사용하여 빌딩과 집의 높이를 비교하는 문장을 만들어 보세요.

보기
더 높습니다.

빌딩   집

문장 _____

_____

4-2 보기의 말을 사용하여 의자와 책장의 높이를 비교하는 문장을 만들어 보세요.

보기
더 낮습니다.

의자   책장

문장 _____

4-3 보기의 말을 사용하여 세 꽃의 키를 비교하는 문장을 만들어 보세요.

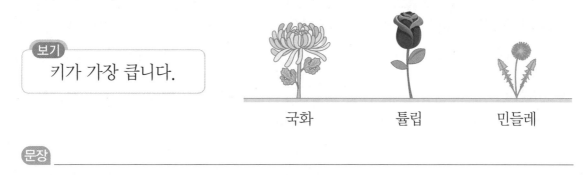

보기
키가 가장 큽니다.

국화   튤립   민들레

문장 _____

 교과서 기초 개념

• 무게 비교하기

(1) 두 물건의 무게 비교

 참외    호박

더 가볍다   **더 무겁다**

- 참외는 호박보다 더 가볍습니다.
- 호박은 참외보다
  더 **①** [   ] .

(2) 세 물건의 무게 비교

 풍선 / 야구공 / 농구공

가장 가볍다   **가장 무겁다**

- 풍선이 가장 가볍습니다.
- 농구공이 가장 무겁습니다.

주의 크기가 크다고 항상 무거운 것은 아닙니다.

정답 **①** 무겁습니다

1-1 더 무거운 것에 ○표 하세요.

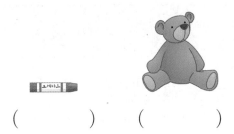

(　　　　) 　(　　　　)

1-2 더 가벼운 것에 △표 하세요.

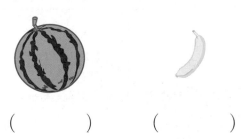

(　　　　) 　(　　　　)

2-1 더 무거운 사람의 이름을 쓰세요.

진주　　　　　　상미

(　　　　　　　　　　)

2-2 더 가벼운 물건의 이름을 쓰세요.

지우개　　　　　연필

(　　　　　　　　　　)

3-1 관계있는 것끼리 이어 보세요.

| 가장 무겁다 | 가장 가볍다 |

3-2 관계있는 것끼리 이어 보세요.

| 가장 무겁다 | 가장 가볍다 |

3주
4일

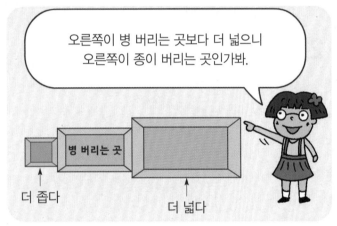

교과서 기초 개념

• 넓이 비교하기

(1) 두 물건의 넓이 비교

예  →

 더 넓다 더 좁다

한쪽 끝을 맞추어 겹쳐 보았을 때 남는 부분이 있는 것이 더 넓어.

(2) 세 물건의 넓이 비교

예  →

가장 넓다 가장 **❶**

1-1 더 넓은 것에 ◯표 하세요.

(   )   (   )

1-2 더 좁은 것에 △표 하세요.

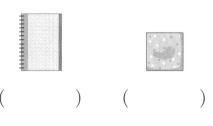

(   )   (   )

2-1 더 넓은 것에 색칠하세요.

2-2 더 좁은 것에 색칠하세요.

[**3**-1 ~ **3**-2] 넓이를 비교하여 ☐ 안에 알맞은 말을 써넣으세요.

3-1

축구 골대   농구 골대

축구 골대는 농구 골대보다

더 ☐ .

3-2

교실   운동장

교실은 운동장보다

더 ☐ .

4-1 가장 넓은 것의 기호를 쓰세요.

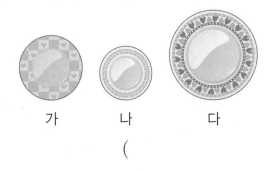

가   나   다

(   )

4-2 가장 좁은 것의 기호를 쓰세요.

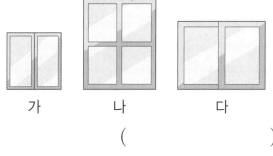

가   나   다

(   )

기초 집중 연습

4일

🐛 기본 문제 연습

1-1 ☐ 안에 알맞은 것의 이름을 써넣으세요.

무　　　　콩　　　　감자

가장 무거운 것: ☐

1-2 ☐ 안에 알맞은 악기의 이름을 써넣으세요.

바이올린　　　플루트　　　피아노

가장 가벼운 것: ☐

2-1 주어진 모양보다 더 좁은 ▢ 모양을 왼쪽에, 더 넓은 ▢ 모양을 오른쪽에 그려 보세요.

2-2 주어진 모양보다 더 좁은 ⬤ 모양을 왼쪽에, 더 넓은 ⬤ 모양을 오른쪽에 그려 보세요.

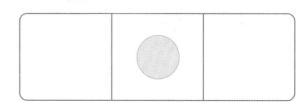

3-1 왼쪽 별을 가릴 수 있는 모양에 ○표 하세요.

3-2 왼쪽 편지지를 가릴 수 있는 봉투에 ○표 하세요.

108 • 똑똑한 하루 수학

 **기초 → 기본 연습** 　찌그러진 정도로 더 무거운(가벼운) 것을 찾자.

기초 더 무거운 동물의 이름을 쓰세요.

쥐　　　　고양이

(　　　　　　　　　)

쥐와 고양이가 각각 상자에
앉으면 어떻게 될까요?

4-1 가 상자 위에 앉았던 동물의 이름을 쓰세요.

쥐　　　　고양이

답 _____

4-2 나 의자 위에 앉았던 사람은 누구인가요?

아버지　　아들

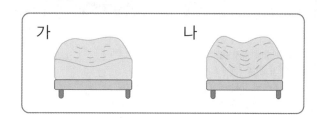

답 _____

4-3 가 종이받침대 위에 올려 놓았던 물건은 무엇인가요?

연필　　　프라이팬

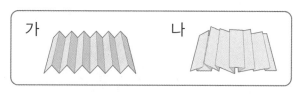

답 _____

 교과서 기초 개념

• 담을 수 있는 양 비교하기

(1) 두 가지 그릇에 담을 수 있는 양 비교

㉘

더 적다   더 많다

(2) 세 가지 그릇에 담을 수 있는 양 비교

㉘

가장 [①   ]   가장 많다

그릇의 크기가 클수록
담을 수 있는 양이 더 많아.

[1-1~1-2] 담을 수 있는 양이 더 많은 것에 ○표 하세요.

1-1

(　　　　) (　　　　)

1-2

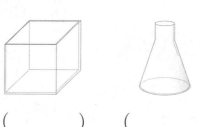

(　　　　) (　　　　)

[2-1~2-2] 담을 수 있는 양이 더 적은 것에 △표 하세요.

2-1

(　　　　) (　　　　)

2-2

(　　　　) (　　　　)

[3-1~3-2] 담을 수 있는 양을 비교하여 ☐ 안에 알맞은 말을 써넣으세요.

3-1

냄비　　　　　밥그릇

냄비는 밥그릇보다 담을 수 있는 양이

더 ☐☐☐☐☐ .

3-2

세면대　　　　　욕조

세면대는 욕조보다 담을 수 있는 양이

더 ☐☐☐☐☐ .

담긴 양 비교

더 많다   더 적다

교과서 기초 개념

- **담긴 양 비교하기**

(1) **모양과 크기가 같은 그릇 비교**

예

더 ❶ [   ]   더 적다

모양과 크기가 같은 그릇에서는
물의 높이가 더 높은 것이
담긴 물의 양이 더 많아.

(2) **물의 높이가 같은 그릇 비교**

예

가장 많다   가장 ❷ [   ]

물의 높이가 같을 때에는 그릇의 크기가
클수록 담긴 물의 양이 더 많아.

[1-1 ~ 1-2] 담긴 물의 양이 더 많은 것에 ○표 하세요.

1-1

(   )   (   )

1-2

(   )   (   )

[2-1 ~ 2-2] 담긴 물의 양이 더 적은 것에 △표 하세요.

2-1

(   )   (   )

2-2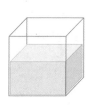

(   )   (   )

[3-1 ~ 3-2] 담긴 양을 비교하여 ☐ 안에 알맞은 기호를 써넣으세요.

3-1 가   나

☐ 그릇에 담긴 우유는 ☐ 그릇에 담긴 우유보다 더 많습니다.

3-2 가   나

☐ 그릇에 담긴 주스는 ☐ 그릇에 담긴 주스보다 더 적습니다.

기초 집중 연습

기본 문제 연습

[**1**-1 ~ **1**-2] 담긴 물의 양이 많은 것부터 순서대로 I, 2, 3을 쓰세요.

1-1

( ) ( ) ( )

1-2

( ) ( ) ( )

[**2**-1 ~ **2**-2] 똑같은 크기의 컵이 있습니다. 아래의 말에 알맞게 오른쪽 컵 안에 물을 그려 보세요.

2-1

더 적다   더 많다

2-2

더 많다   더 적다

[**3**-1 ~ **3**-2] 왼쪽 물건에 가득 담긴 물을 넘치지 않게 모두 옮겨 담을 수 있는 것을 찾아 기호를 쓰세요.

3-1

( )

3-2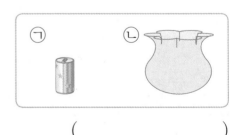

( )

▶ 정답 및 풀이 20쪽

 기초 → 문장제 연습 | '더 많이 담을 수 있는 것'을 찾을 때에는 더 큰 그릇을 찾자.

기초 담을 수 있는 물의 양이 더 많은 것에 ○표 하세요.

(   )   (   )

물병의 크기가 더 큰 것을 찾아볼까요?

4-1 수아와 동현이가 운동을 하러 갑니다. 누구의 물병에 물을 더 많이 담아갈 수 있는지 이름을 쓰세요.

수아   동현

답 _____

4-2 세연이와 진아가 급수대에서 물을 담으려고 합니다. 누구의 그릇에 물을 더 많이 담을 수 있는지 이름을 쓰세요.

세연   진아

답 _____

4-3 수호와 지영이가 컵에 우유를 담으려고 합니다. 누구의 컵에 우유를 더 많이 담을 수 있는지 이름을 쓰세요.

수호   지영

답 _____

3주 5일

1 그림을 보고 덧셈식을 완성해 보세요.

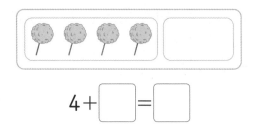

$$4 + \boxed{} = \boxed{}$$

2 길이를 비교하려고 합니다. 알맞은 말에
○표 하세요.

송곳
못

송곳은 못보다 더 (깁니다 , 짧습니다).

3 더 높은 것의 기호를 쓰세요.

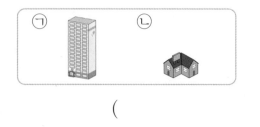

(   )

4 더 무거운 사람의 이름을 쓰세요.

수진   유정

(   )

5 주어진 ○ 모양보다 더 넓은 ○ 모양을
오른쪽에 그려 보세요.

6 가장 긴 옷에 ○표 하세요.

(   ) (   ) (   )

7 모양과 크기가 같은 그릇에 물이 각각 담겨 있습니다. 담긴 물의 양을 바르게 비교하며 말한 사람은 누구인가요?

가 그릇에 담긴 물의 양이 더 많아.

나 그릇에 담긴 물의 양이 더 많아.

민호

영탁

(   )

8 접시 위에 쿠키가 8개 있었는데 그중에서 혜리가 8개를 먹었습니다. 접시 위에 남은 쿠키는 몇 개인가요?

식 _____

답 _____

9 담을 수 있는 양이 가장 많은 그릇부터 순서대로 1, 2, 3을 쓰세요.

(   ) (   ) (   )

10 보기 와 같이 <u>틀린</u> 문장을 바르게 고쳐 보세요.

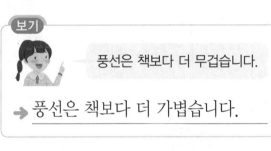

보기

풍선은 책보다 더 무겁습니다.

→ 풍선은 책보다 더 가볍습니다.

교실은 운동장보다 더 넓습니다.

→ _____

_____

3주
평가

창의·융합·코딩

창의 1 오른쪽은 바뀐 연지의 방의 모습입니다. 바뀌기 전과 비교하는 문장에서 알맞은 말에 ○표 하세요.

연지의 방이 어떻게 달라진 걸까?

먼저 달라진 곳을 찾아보고
바뀌기 전과 비교해 봐.

(1) 시계가 더 (넓어 , 좁아)졌습니다.

(2) 의자가 더 (높아 , 낮아)졌습니다.

(3) 곰인형의 키가 더 (커 , 작아)졌습니다.

▶정답 및 풀이 21쪽

 민수와 호영이가 약수터에서 물을 받으려고 합니다. 누구의 물통에 물을 더 빨리 받을 수 있는지 이름을 쓰세요.

답 _____

3주
특강

담을 수 있는 양이 더 적은 통에
물을 더 빨리 받을 수 있어.

 집에서 병원까지 가는 길이 2가지 있습니다. 집에서 병원까지 갈 때 가와 나 중 더 빨리 도착할 수 있는 길은 어느 것인가요?

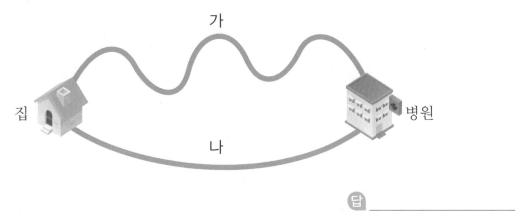

답 _____

• **119**

창의·융합·코딩

창의 4 낮은 쪽에 있는 비눗방울에 적힌 글자부터 차례로 ☐ 안에 써넣어 말을 완성해 보세요.

☐ ☐ ☐ ☐ ☐ .

코딩 5 로봇이 나타내고 있는 수에 주어진 코딩을 실행하였습니다. 코딩을 실행하여 나온 수를 써 보세요.

답 _____

▶정답 및 풀이 21쪽

[6~7] 버튼을 누르면 규칙 에 따라 보기 의 동물이 나온다고 합니다. 물음에 답하세요.

규칙

- 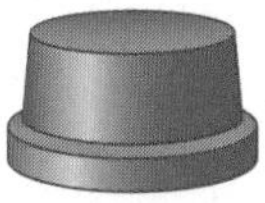 을 누르면 더 무거운 동물이 나옵니다.
- 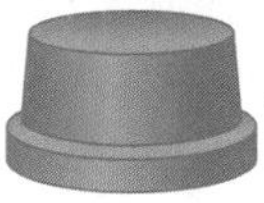 을 누르면 더 가벼운 동물이 나옵니다.

보기

말 코끼리 달팽이 기린 양

3주 특강

코딩 6 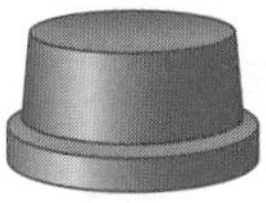 을 눌렀을 때 나오는 동물의 이름을 쓰세요.

기린 →  → ?

답 ________________

코딩 7  을 눌렀을 때 나오는 동물의 이름을 쓰세요.

양 →  → ?

답 ________________

진우와 소연이가 각자 가지고 있는 물건을 이어 붙여서 길이가 더 긴 사람이 이기는 게임을 하였습니다. 두 사람이 가지고 있는 물건이 다음과 같을 때 게임에 이긴 사람은 누구인지 이름을 쓰세요.

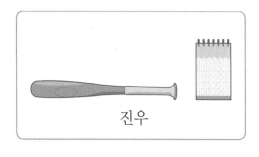

답 _____

융합 9 전봇대에서 시작하여 여러 가지 비교를 하려고 합니다. 보기 에서 알맞은 단어를 찾아 □ 안에 써넣으세요.

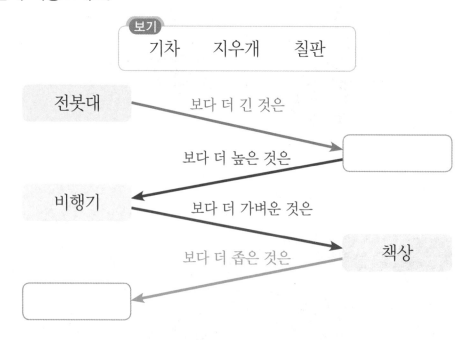

▶정답 및 풀이 21쪽

창의 10 왼쪽 신문지 위에 오른쪽 도화지를 붙여 전체를 덮으려고 합니다. 사용하는 도화지의 수가 더 적으려면 어떤 도화지를 붙여야 하는지 기호를 쓰세요.

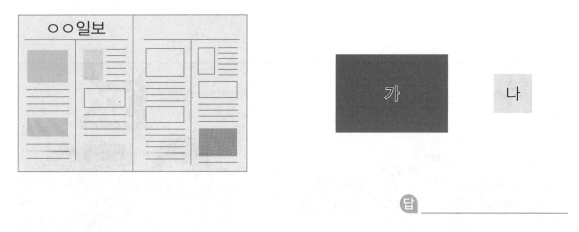

답 _____

융합 11 준형이네 반은 앞 줄부터 키가 작은 순서대로 자리에 앉는다고 합니다. ㉠, ㉡, ㉢, ㉣은 준형, 소라, 민지, 윤호의 자리입니다. ㉠은 누구의 자리인가요?

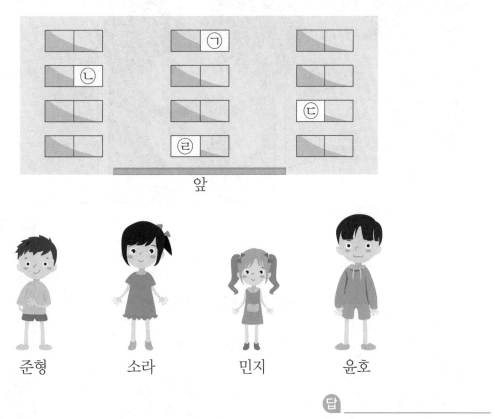

답 _____

50까지의 수

1일 10 알아보기, 10 모으기와 가르기 **2일** 십몇 알아보기, 십몇을 쓰고 읽기
3일 19까지의 수 모으기, 가르기 **4일** 20, 30, 40, 50/50까지의 수
5일 50까지 수의 순서, 50까지 수의 크기 비교하기

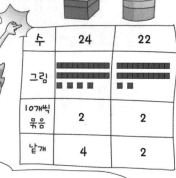

수	24	22
그림		
10개씩 묶음	2	2
낱개	4	2

 교과서 기초 개념

· 10 알아보기

10개
9개
8개
7개
6개
5개
4개
3개
2개
1개

9보다 ❶□ 만큼 더 큰 수 → 10 십, 열

참고 **10을 여러 가지 방법으로 세어 보기**

일	이	삼	사	오	육	칠	팔	구	❷□
하나	둘	셋	넷	다섯	여섯	일곱	여덟	아홉	열

10은 8보다 2만큼 더 큰 수,
7보다 3만큼 더 큰 수 등과 같이 나타낼 수도 있어.

정답 ❶ 1   ❷ 십

[1-1~ 1-2] 그림을 보고 □ 안에 알맞은 수를 써넣으세요.

1-1

9보다 1만큼 더 큰 수는

□ 입니다.

1-2

8보다 2만큼 더 큰 수는

□ 입니다.

[2-1~ 2-2] 다음을 수로 나타내어 보세요.

2-1   십   ➡ (   )   **2-2**   열   ➡ (   )

4주
1일

[3-1~ 3-2] 그림을 보고 □ 안에 알맞은 수를 써넣으세요.

3-1

나비는 모두 □ 마리입니다.

3-2

딸기는 모두 □ 개입니다.

[4-1~ 4-2] 10이 되도록 ○를 더 그려 보세요.

4-1

4-2

각자 딸기를 몇 개씩 땄니?

저는 딸기를 4개 땄어요.

저는 음… 6개를 땄어요!

너희가 딴 딸기가 모두 10개였으니까 4와 6을 모으기 하면 10이 된다는 걸 알 수 있겠지?

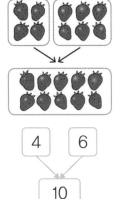
4   6

10

숫자 공부는 됐고 유기농 딸기 한 번 먹어 보렴.

맛있어요~!

 교과서 기초 개념

• 10 모으기와 가르기

예)

4   ❶

10

10 모으기

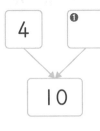

10

❷   6

10 가르기

참고 여러 가지 방법으로 10 모으기와 가르기

10 ← | 1 | 2 | 3 | 4 | 5 | 6 | 7 | 8 | 9 | → 10
      | 9 | 8 | 7 | 6 | 5 | 4 | 3 | 2 | 1 |

10 모으기   10 가르기

정답 ❶ 6   ❷ 4

▶ 정답 및 풀이 22쪽

[1-1 ~ 1-2] 그림을 보고 모으기 해 보세요.

1-1

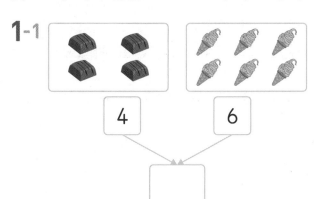

4   6

1-2

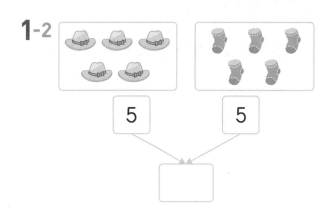

5   5

[2-1 ~ 2-2] 그림을 보고 10을 가르기 해 보세요.

2-1

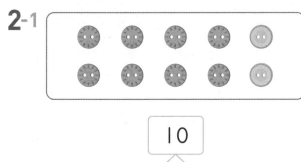

10

8   ☐

2-2

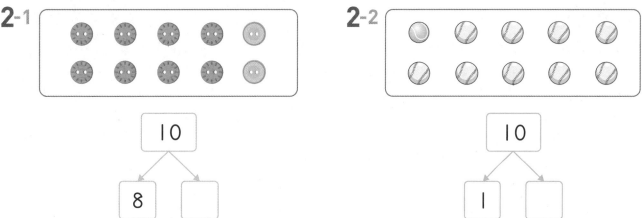

10

1   ☐

4주 1일

[3-1 ~ 3-2] 그림을 보고 ☐ 안에 알맞은 수를 써넣으세요.

3-1

3과 ☐ 을 모으기 하면 10이 됩니다.

3-2

10은 6과 ☐ 로 가르기 할 수 있습니다.

기초 집중 연습

1-1 10을 바르게 읽은 것에 ◯표 하세요.

10 → (칠 , 십 , 삼)

1-2 10을 <u>잘못</u> 읽은 것에 ◯표 하세요.

10 → (열 , 아홉 , 십)

[**2**-1 ~ **2**-2] 모으기를 하려고 합니다. 그림을 보고 빈칸에 알맞은 수를 써넣으세요.

2-1

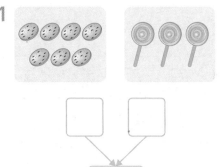

2-2

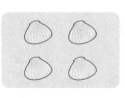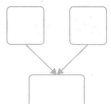

[**3**-1 ~ **3**-2] 10을 가르기 하려고 합니다. 빈 곳에 알맞은 수만큼 ◯를 그려 보세요.

3-1

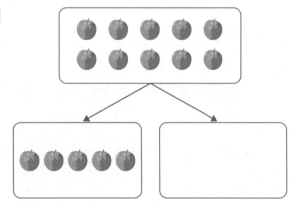

3-2

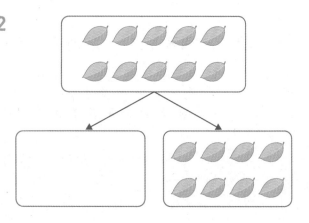

기초 → 문장제 연습 '모두 몇 인지' 구할 때에는 모으기를 해서 구하자.

기초 두 수를 모으기 해 보세요.

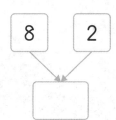

4-1 책장에 책이 8권 꽂혀 있었는데 2권을 더 꽂았습니다. 책장에 꽂혀 있는 책은 모두 몇 권인가요?

답 _____

4-2 유라는 오늘 낮에 사탕을 5개 먹고 저녁에 5개를 더 먹었습니다. 유라가 오늘 먹은 사탕은 모두 몇 개인가요?

답 _____

4-3 주머니 안에 구슬이 7개 들어 있었는데 3개를 더 넣었습니다. 주머니 안에 들어 있는 구슬은 모두 몇 개인가요?

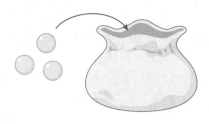

답 _____

 교과서 기초 개념

• 십몇 알아보기

예

10개 1개 2개 3개

10개씩 묶음 1개와 낱개 [①] 개 → **13** 십삼, 열셋

예

10개씩 묶음

낱개

10개씩 묶음 1개와 낱개 4개

→ **14** 십사, 열넷

먼저 10개씩 묶어 보고
낱개의 수를 세어 수로 나타내~

정답 **①** 3

개념·원리 확인

[1-1~ 1-2] 그림을 보고 ☐ 안에 알맞은 수를 써넣으세요.

1-1

10개씩 묶음 1개와 낱개 5개

➡ ☐

1-2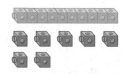

10개씩 묶음 1개와 낱개 7개

➡ ☐

[2-1~ 2-2] 다음을 수로 나타내어 보세요.

2-1 　10개씩 묶음 1개와 낱개 1개

(　　　　　　　)

2-2 　10개씩 묶음 1개와 낱개 8개

(　　　　　　　)

[3-1~ 3-2] 주어진 수를 10개씩 묶음과 낱개로 나타내어 보세요.

3-1 | 16 |

10개씩 묶음	낱개

3-2 | 13 |

10개씩 묶음	낱개

[4-1~ 4-2] 10개씩 묶어 보고, 수로 나타내어 보세요.

4-1  ➡ ☐

4-2 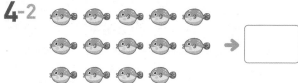 ➡ ☐

 교과서 기초 개념

- 11부터 19까지의 수를 쓰고 읽기

11	12	13
십일, 열하나	십이, ❶	십삼, 열셋

14	15	16
십사, 열넷	십오, 열다섯	십육, 열여섯

17	18	19
❷ , 열일곱	십팔, 열여덟	십구, 열아홉

정답 ❶ 열둘   ❷ 십칠

▶정답 및 풀이 23쪽

[1-1~ 1-2] 수를 바르게 읽은 것에 ◯표 하세요.

1-1 | 17 | ➡ (십칠 , 십팔)

1-2 | 14 | ➡ (열셋 , 열넷)

[2-1~ 2-2] 수를 <u>잘못</u> 읽은 사람의 이름을 쓰세요.

2-1 수현 : 12는 '십이'라고 읽어.

민하 : 16은 '십오'라고 읽어.

(   )

2-2 민호 : 13은 '열둘'이라고 읽어.

우석 : 18은 '열여덟'이라고 읽어.

(   )

4주
2일

[3-1~ 3-2] 같은 수끼리 이어 보세요.

3-1 | 11 | •   • 십일

| 14 | •   • 십사

3-2 | 15 | •   • 열아홉

| 19 | •   • 열다섯

[4-1~ 4-2] 수의 순서에 맞게 빈칸에 알맞은 수를 써넣으세요.

4-1 | 11 | 12 | | |

4-2 | 15 | | | 18 |

기초 집중 연습

🐛 **기본 문제 연습**

[1-1 ~ 1-2] 수를 세어 쓰고, 두 가지 방법으로 읽어 보세요.

1-1

쓰기 (   )

읽기 (   ), (   )

1-2

쓰기 (   )

읽기 (   ), (   )

[2-1 ~ 2-2] 주어진 수가 되도록 ○를 더 그려 넣으세요.

2-1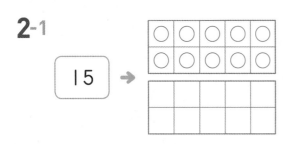

15 →

2-2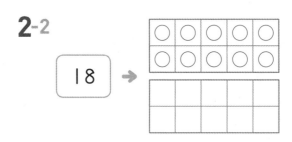

18 →

[3-1 ~ 3-2] 나타내는 수가 <u>다른</u> 하나에 ○표 하세요.

3-1 　　13　　열넷　　십삼

3-2 　　18　　십칠　　열일곱

[4-1 ~ 4-2] 사용한 블록의 수를 써 보세요.

4-1 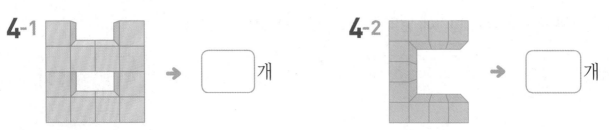 → ☐ 개

4-2 → ☐ 개

▶정답 및 풀이 23쪽

 기초 → 문장제 연습 | 10개씩 묶음과 낱개로 수를 세어 보자.

기초 다음을 수로 나타내어 보세요.

> 10개씩 묶음 1개와 낱개 4개

( )

 10개씩 묶음과 낱개의 수로 실생활에서 물건의 개수를 세어 볼까요?

5-1 한 판에 10개씩 들어 있는 달걀 1판과 낱개 4개가 있습니다. 달걀은 모두 몇 개인가요?

답 _____

5-2 한 묶음에 10장씩 들어 있는 색종이 한 묶음과 낱개 7장이 있습니다. 색종이는 모두 몇 장일까요?

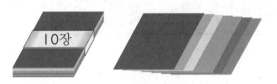

답 _____

5-3 동전이 12개 있습니다. 저금통에 동전을 10개씩 넣는다면 저금통에 넣고 남은 동전은 몇 개일까요?

답 _____

4주 2일

 교과서 기초 개념

- **19까지의 수 모으기**

  예 **7과 5를 모으기**

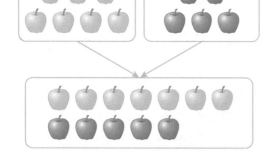

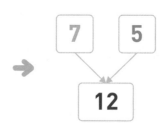

7과 **5**를 모으기 하면 [❶   ] 가 됩니다.

이어 세기로 모으기를 하면

[1-1~ 1-2] 모으기를 하여 빈 곳에 알맞은 수만큼 ○를 더 그려 보세요.

1-1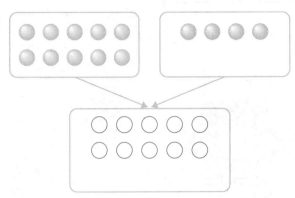

1-2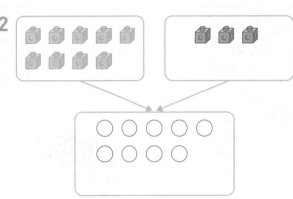

[2-1~ 2-2] 그림을 보고 ☐ 안에 알맞은 수를 써넣으세요.

2-1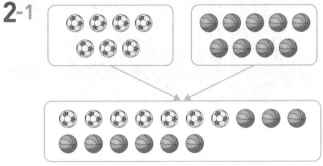

7과 9를 모으기 하면 ☐ 이 됩니다.

2-2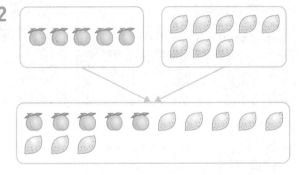

5와 8을 모으기 하면 ☐ 이 됩니다.

[3-1~ 3-2] 이어 세기로 모으기를 하여 ☐ 안에 알맞은 수를 써넣으세요.

3-1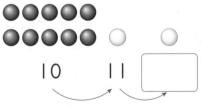

10   11   ☐

→ 10과 2를 모으기 하면 ☐ 가 됩니다.

3-2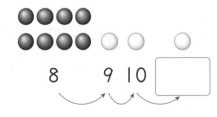

8   9 10   ☐

→ 8과 3을 모으기 하면 ☐ 이 됩니다.

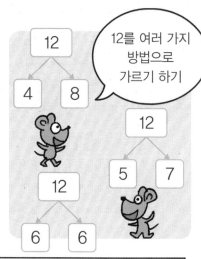

 교과서 기초 개념

• 19까지의 수 가르기

예 14를 8과 어느 수로 가르기

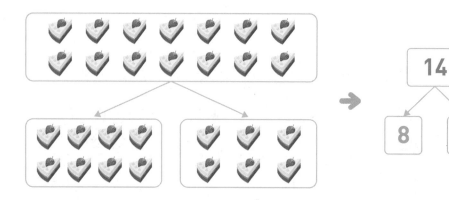

14는 8과 ^❷☐ 으로 가르기 할 수 있습니다.

수를 가르기 하는 방법은 여러 가지가 있어.

정답 ❶ 6   ❷ 6

[1-1 ~ 1-2] 그림을 보고 ☐ 안에 알맞은 수를 써넣으세요.

1-1

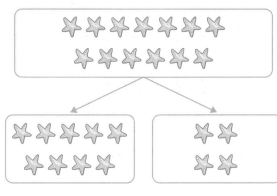

13은 9와 ☐ 로 가르기 할 수 있습니다.

1-2

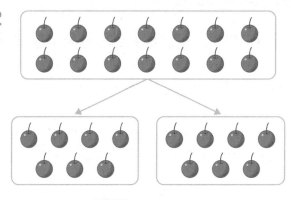

14는 7과 ☐ 로 가르기 할 수 있습니다.

[2-1 ~ 2-2] 그림을 보고 빈칸에 알맞은 수를 써넣으세요.

2-1

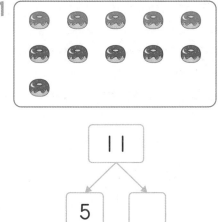

2-2

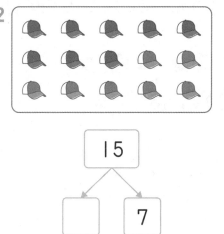

[3-1 ~ 3-2] 가르기를 해 보세요.

3-1 (1)

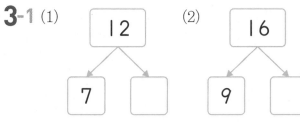

(2)

3-2 (1)

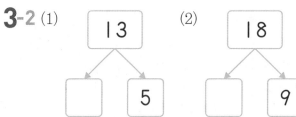

(2)

기본 문제 연습

[1-1 ~ 1-2] ☐ 안에 알맞은 수를 써넣으세요.

1-1 4와 8을 모으기 하면 ☐가 됩니다.

1-2 16은 7과 ☐로 가르기 할 수 있습니다.

2-1 모으기를 해 보세요.

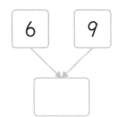

2-2 가르기를 해 보세요.

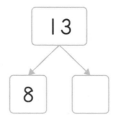

[3-1 ~ 3-2] 그림을 보고 가르기를 하여 빈 곳에 알맞은 수를 써넣으세요.

3-1

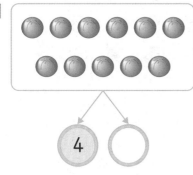

3-2

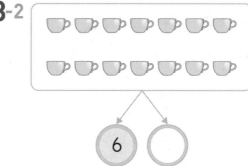

[4-1 ~ 4-2] 모으기를 하여 주어진 수가 되는 두 수를 이어 보세요.

4-1 　　　　13

6 ·
8 ·

· 5
· 9
· 7

4-2 　　　　11

3 ·
4 ·
5 ·

· 6
· 7

기초 → 문장제 연습 | '모두'를 구할 때에는 모으기를, 나눌 때에는 가르기를 하자.

기초 모으기를 해 보세요.

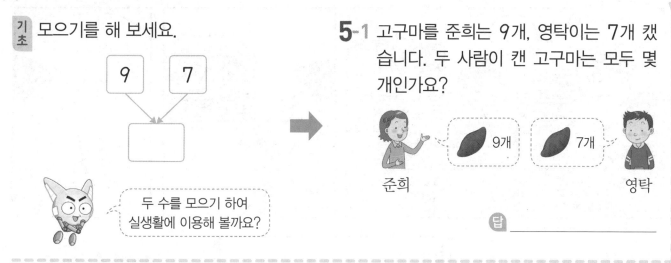

9   7

두 수를 모으기 하여 실생활에 이용해 볼까요?

5-1 고구마를 준희는 9개, 영탁이는 7개 캤습니다. 두 사람이 캔 고구마는 모두 몇 개인가요?

준희   9개   7개   영탁

답 _____

5-2 딱지를 우진이는 8개, 상민이는 5개 모았습니다. 두 사람이 모은 딱지는 모두 몇 개인가요?

답 _____

5-3 아라는 선물로 받은 과자를 동생과 똑같이 나누어 먹으려고 합니다. 동생에게 과자를 몇 개 주어야 하나요?

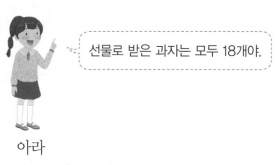

선물로 받은 과자는 모두 18개야.

아라

답 _____

4일 50까지의 수 · 20, 30, 40, 50

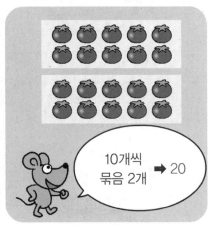

 교과서 기초 개념

• 20, 30, 40, 50 알아보기

예

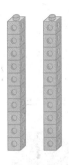

10개씩 묶음 2개

➡ **20** 이십, 스물

• 20, 30, 40, 50을 쓰고 읽기

10개씩 묶음 **2**개 ➡ **20** (이십, 스물)

10개씩 묶음 **3**개 ➡ **30** (삼십, 서른)

10개씩 묶음 **4**개 ➡ **40** (사십, 마흔)

10개씩 묶음 **5**개 ➡ **50** (오십, 쉰)

10개씩 묶음의 수가 한 개씩 늘어날 때마다 10만큼씩 더 커져.

[1-1~1-2] 그림을 보고 □ 안에 알맞은 수를 써넣으세요.

1-1

10개씩 묶음이 5개이므로

□ 입니다.

1-2

10개씩 묶음이 4개이므로

□ 입니다.

[2-1~2-2] 10개씩 묶어 보고 □ 안에 알맞은 수를 써넣으세요.

2-1

요구르트 수: 10개씩 묶음 □ 개

➡ □ 개

2-2

땅콩 수: 10개씩 묶음 □ 개

➡ □ 개

[3-1~3-2] 수를 바르게 읽은 것에 ○표 하세요.

3-1 50 ➡ (십오 , 오십)　　　　**3-2** 20 ➡ (스물 , 서른)

[4-1~4-2] 다음을 수로 나타내어 보세요.

4-1 삼십 ➡ (　　　　　)　　　　**4-2** 쉰 ➡ (　　　　　)

 교과서 기초 개념

- **50까지의 수 알아보기**

(예)

10개씩 묶음 2개

낱개 4개

10개씩 묶음 2개와 낱개 4개 → 24   이십사, 스물넷

(예)

10개씩 묶음 ❶ 개와 낱개 7개 → ❷

 정답   ❶ 2   ❷ 27

▶정답 및 풀이 25쪽

[1-1~ 1-2] 그림을 보고 ☐ 안에 알맞은 수를 써넣으세요.

1-1

10개씩 묶음 ☐ 개와 낱개 4개이므로

☐ 입니다.

1-2

10개씩 묶음 2개와 낱개 ☐ 개이므로

☐ 입니다.

[2-1~ 2-2] 그림을 보고 10개씩 묶음과 낱개의 수를 쓰고 수로 나타내어 보세요.

2-1

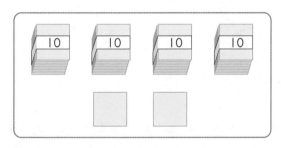

10개씩 묶음	
낱개	

➡ ☐

2-2

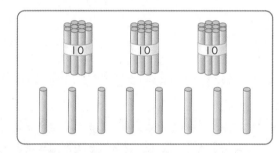

10개씩 묶음	
낱개	

➡ ☐

3-1 수를 읽어 보세요.

(1) 22 ➡ ( )

(2) 35 ➡ ( )

3-2 수로 나타내어 보세요.

(1) 이십오 ➡ ( )

(2) 마흔일곱 ➡ ( )

4일 기초 집중 연습

기본 문제 연습

[1-1~1-2] 수를 세어 써 보세요.

1-1

(   )

1-2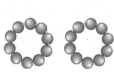

(   )

[2-1~2-2] 같은 수끼리 선으로 이어 보세요.

2-1

20 ·		· 스물
50 ·		· 오십

2-2

42 ·		· 삼십오
35 ·		· 마흔둘

[3-1~3-2] 10개씩 묶음과 낱개로 나타내어 수를 세어 보세요.

3-1

10개씩 묶음	낱개

(   )개

3-2

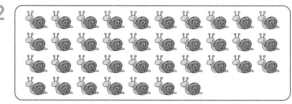

10개씩 묶음	낱개

(   )마리

[4-1~4-2] 나타내는 수가 나머지와 다른 하나에 △표 하세요.

4-1

쉰	이십	50	오십

4-2

사십	40	서른	마흔

 기초 → 문장제 연습 | 10개씩 묶음과 낱개로 수를 세어 보자.

기초 다음을 수로 나타내어 보세요.

(   )

10개씩 묶음으로 있는 물건의 수를 세어 볼까요?

5-1 한 상자에 도넛이 10개씩 들어 있습니다. 3상자에 들어 있는 도넛은 모두 몇 개인가요?

답 _____

5-2 한 통에 10개씩 들어 있는 공깃돌이 4통 있고, 낱개로 8개가 있습니다. 공깃돌은 모두 몇 개인가요?

답 _____

5-3 민하가 과일가게에서 복숭아를 샀습니다. 산 복숭아를 한 봉지에 10개씩 넣었더니 2봉지에 담고 6개가 남았습니다. 민하가 산 복숭아는 모두 몇 개인가요?

10개씩 묶음 2개와 낱개 6개는 모두 몇 개일까?

민하

답 _____

4주 4일

 교과서 기초 개념

- **50까지의 수 배열표**

19는 18과 20 사이에 있는 수야.

1만큼 더 큰 수

1	2	3	4	5	6	7	8	9	10
11	12	13	14	❶	16	17	18	⑲	20
21	22	23	24	25	26	27	28	29	30
31	32	33	34	35	36	❷	38	39	40
41	42	43	44	45	46	47	48	49	50

1만큼 더 작은 수

정답 ❶ 15   ❷ 37

[1-1 ~ 1-2] 수 배열표의 빈칸에 알맞은 수를 써넣으세요.

1-1

11	12	13	14	15
16	17	18		20
	22	23	24	25

1-2

31	32	33	34	35
36		38	39	40
41	42	43		45

[2-1 ~ 2-2] 1만큼 더 작은 수와 1만큼 더 큰 수를 빈칸에 써넣으세요.

2-1

1만큼 더 작은 수   25   1만큼 더 큰 수

2-2

1만큼 더 작은 수   48   1만큼 더 큰 수

4주
5일

[3-1 ~ 3-2] 수직선을 보고 [ ] 안에 알맞은 수를 써넣으세요.

3-1

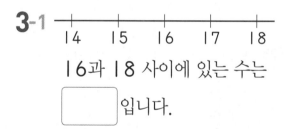

14 15 16 17 18

16과 18 사이에 있는 수는

[ ] 입니다.

3-2

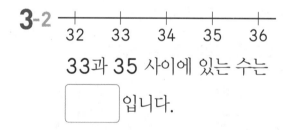

32 33 34 35 36

33과 35 사이에 있는 수는

[ ] 입니다.

[4-1 ~ 4-2] 수의 순서에 맞게 빈 곳에 알맞은 수를 써넣으세요.

4-1

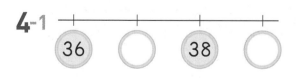

36 ○ 38 ○

4-2

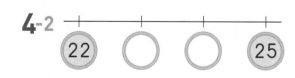

22 ○ ○ 25

농부 아저씨께서 챙겨 주신 땅콩 있잖아. 몇 개나 주셨는지 세어 보자.

좋아

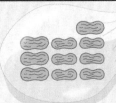

10개씩 묶음과 낱개로 나타내어 땅콩의 수를 비교해 볼까?

11개
10개씩 묶음 1개와 낱개 1개

14개
10개씩 묶음 1개와 낱개 4개

둘 다 10개씩 묶음이 1개인데 낱개는 내가 1개이고, 너는 4개이니까 네가 받은 땅콩이 더 많네.

호호~

농부 아저씨가 나를 더 많이 주셨네~

🐻 **교과서 기초 개념**

• **두 수의 크기 비교하기**

(1) **10개씩 묶음의 수 비교**

17   23

10개씩 묶음 **1**개	10개씩 묶음 **2**개
낱개 7개	낱개 3개

17은 23보다 [❶　　　　　].

(2) **낱개의 수 비교** ─ 10개씩 묶음의 수가 같을 때

25   21

10개씩 묶음 2개	10개씩 묶음 2개
낱개 **5**개	낱개 **1**개

25는 21보다 [❷　　　　　].

[1-1~1-2] 그림을 보고 알맞은 말에 ◯표 하세요.

1-1

14는 26보다 (큽니다 , 작습니다).

1-2

37은 32보다 (큽니다 , 작습니다).

[2-1~2-2] 그림을 보고 ☐ 안에 알맞은 수를 써넣으세요.

2-1

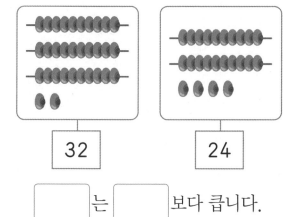

| 32 | 24 |

☐ 는 ☐ 보다 큽니다.

2-2

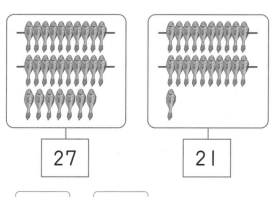

| 27 | 21 |

☐ 은 ☐ 보다 작습니다.

[3-1~3-2] 두 수의 크기를 비교하여 ☐ 안에 알맞은 말을 써넣으세요.

3-1 28은 35보다 ☐ .

3-2 49는 44보다 ☐ .

4-1 더 큰 수에 ◯표 하세요.

| 36 46 |

4-2 더 작은 수에 △표 하세요.

| 18 15 |

기초 집중 연습

기본 문제 연습

1-1 수의 순서에 맞게 빈칸에 알맞은 수를 써넣으세요.

[ ] — 26 — [ ] — 28

1-2 수를 거꾸로 세어 빈칸에 알맞은 수를 써넣으세요.

16 — [ ] — [ ] — 13

[2-1 ~ 2-2] [ ] 안에 알맞은 수를 써넣으세요.

2-1 14와 16 사이에는

[ ] 가 있습니다.

2-2 38과 40 사이에는

[ ] 가 있습니다.

3-1 더 큰 수를 찾아 색칠해 보세요.

| 서른넷 | 33 |

3-2 더 작은 수를 찾아 색칠해 보세요.

| 21 | 이십사 |

4-1 크기가 큰 수부터 순서대로 쓰세요.

24   30   26

(,   ,   )

4-2 크기가 작은 수부터 순서대로 쓰세요.

32   39   35

(,   ,   )

기초 → 문장제 연습　수를 순서대로 세어 사이에 있는 수를 찾자.

기초 수의 순서에 맞게 빈칸에 알맞은 수를 써넣으세요.

| 26 | | 28 |

5-1 은우의 사물함 번호는 26번과 28번 사이에 있는 번호입니다. 은우의 사물함 번호는 몇 번인가요?

답 _____

5-2 주연이는 13층과 15층 사이에 있는 층에 살고 있습니다. 주연이네 집은 몇 층인가요?

답 _____

5-3 도서관 책장에는 책이 번호 순서대로 꽂혀 있습니다. 33번과 37번 사이에 꽂혀 있는 책은 모두 몇 권인가요?

답 _____

1 그림을 보고 ☐ 안에 알맞은 수나 말을 써넣으세요.

8보다 2만큼 더 큰 수는 ☐ 이고

십 또는 ☐ 이라고 읽습니다.

2 그림을 보고 10을 가르기 해 보세요.

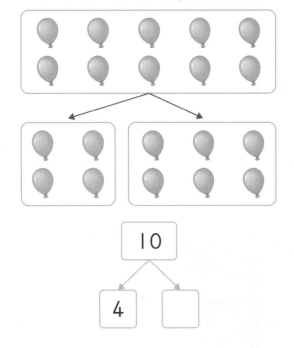

3 빈칸에 알맞은 수를 써넣으세요.

수	10개씩 묶음	낱개
13		
17		

4 다음을 수로 나타내고 읽어 보세요.

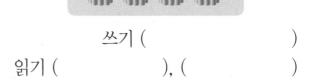

쓰기 ( )

읽기 ( ), ( )

5 더 큰 수에 색칠하세요.

⑴ ☐ 12 ☐ 26

⑵ ☐ 38 ☐ 33

▶정답 및 풀이 27쪽

맞은 점수

/100점

6 수의 순서에 맞게 빈칸에 알맞은 수를 써 넣으세요.

[ ] — 33 — [ ] — 35

7 수를 <u>잘못</u> 읽은 사람에 ◯표 하세요.

이십사	서른둘	사십다섯
24	32	45

(   ) (   ) (   )

8 사과를 한 상자에 10개씩 담으려고 합니다. 사과 28개는 몇 상자가 되고, 몇 개가 남을까요?

(   ), (   )

9 모으기를 하여 13이 되는 두 수를 모두 찾아 이어 보세요.

7 ·   · 4

8 ·   · 5

9 ·   · 3

4주
평가

10 구슬 12개를 재윤이와 수아가 나누어 가졌습니다. 수아가 구슬 5개를 가졌다면 재윤이가 가진 구슬은 몇 개인가요?

(   )

융합1 다음은 현수가 과수원에 다녀와서 쓴 그림 일기입니다. 현수가 집으로 가져 온 사과는 몇 개인지 알아보려고 합니다. ☐ 안에 알맞은 수를 써넣으세요.

날씨: ☀️맑음

날짜: ○월 ○일

오늘 과수원에서 사과 따기 체험을 했다.

사과를 모두 17개 땄는데 상자에 사과 9개를

담고, 남은 사과는 집으로 가져 왔다.

직접 딴 사과를 먹었더니 너무 맛있었다.

(1) 현수가 딴 사과는 모두 ☐ 개입니다.

(2) 딴 사과 중에서 상자에 담은 사과는 ☐ 개입니다.

(3) 현수가 집으로 가져 온 사과는 ☐ 개입니다.

현아는 8월 날짜 중에서 숫자 3이 있는 날에 방 청소를 하기로 했습니다. 8월 한 달 동안 현아는 청소를 몇 번 해야 하나요?

답 _____

 별자리는 밤하늘의 별들을 이어 그린 것으로 동물이나 물건, 신화 속 인물들의 이름을 붙여 부릅니다. 다음은 별자리 중 사자자리의 일부입니다. 13부터 수의 순서대로 별을 선으로 이어서 별자리를 완성해 보세요.

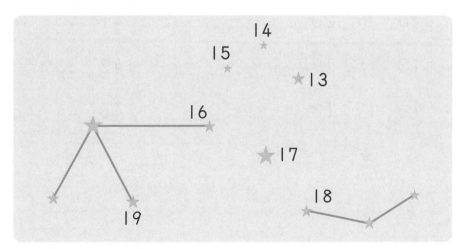

창의 4 보기 는 색칠한 모양이 나타내는 숫자를 쓴 것입니다.

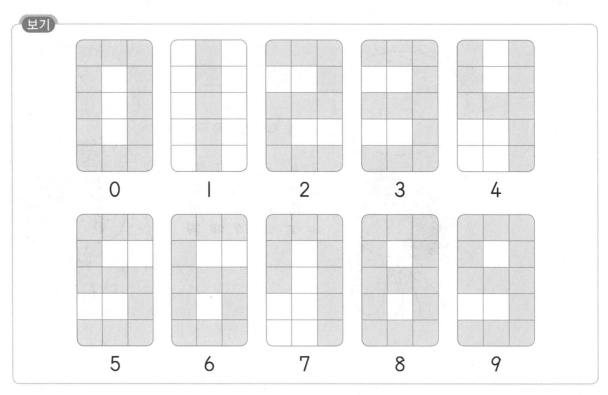

표에서 색칠된 수부터 시작하여 수의 순서대로 색칠해 보고 색칠한 모양이 나타내는 숫자는 각각 얼마인지 ☐ 안에 써넣으세요.

(1)

24	23	22
25	10	21
26	27	20
13	15	19
16	17	18

↓

☐

(2)

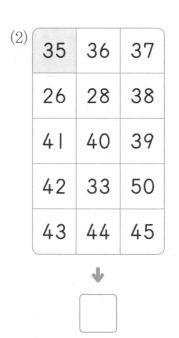

35	36	37
26	28	38
41	40	39
42	33	50
43	44	45

↓

☐

 창의 5 보기 와 같이 수를 넣었을 때 어떤 규칙에 따른 수가 나오는 상자가 있습니다. 43을 넣었을 때 나오는 수는 얼마인지 구해 보세요.

먼저 어떤 규칙인지 찾아봐.

답 _____

4주

특강

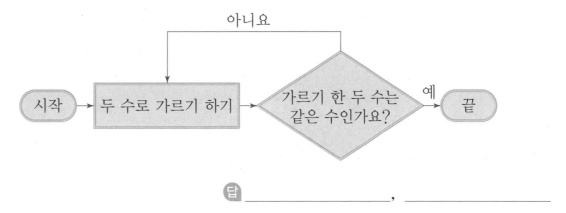 **코딩 6** 다음 순서도의 '시작'에 10을 넣었을 때 '끝'에 나오는 두 수를 구해 보세요.

답 _____ , _____

오늘날의 문자가 있기 전에 고대에는 점토 위에 갈대나 금속으로 만든 펜으로 새기듯이 쓴 모양의 쐐기문자를 사용하였습니다. 고대 바빌로니아인들은 보기 와 같이 두 가지 기호만으로 숫자를 나타내었는데 ⟨는 1을, ⟨는 10을 뜻합니다.

© Fedor Selivanov/shutterstock

보기

1	2	3	4	5	··· 10
11	12	13	14	15	··· 20
21	22	23	24	25	··· 30
31	32	33	34	35	··· 40

윤수와 아라의 대화를 보고 바빌로니아 숫자로 나타낸 윤수의 생일은 몇 월 며칠인지 써 보세요.

윤수

아라야, 곧 내 생일인데 생일 파티에 오지 않을래?

생일이 언제인데?

아라

윤수

 월 일이야.

답 _____

▶ 정답 및 풀이 28쪽

 규칙에 따라 수를 만들어내는 코딩입니다. 이 코딩을 실행해 나온 수를 써 보세요.

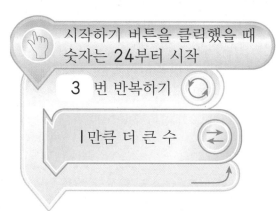

이 코딩을 1번 반복하면
시작 숫자 24보다
1만큼 더 큰 수가 나오겠네.

답 _____

 화살표의 규칙 에 따라 빈칸에 알맞은 수를 써넣으세요.

규칙

→ : I만큼 더 큰 수   ↑ : I0개씩 묶음의 수가 I만큼 더 큰 수

← : I만큼 더 작은 수   ↓ : I0개씩 묶음의 수가 I만큼 더 작은 수

화살표의 규칙에 따라 알맞은 수를
차근차근 써넣어 봐.

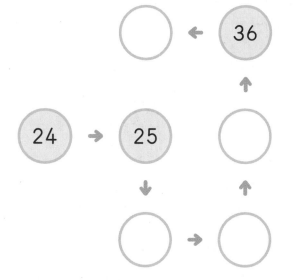

MEMO

초등 문해력
독해가 힘이다
문장제 수학편

5-A 문장제 수학편

🔍 문해력을 키우면 정답이 보인다

초등 문해력 독해가 힘이다
문장제 수학편 (초등 1~6학년 / 단계별)

짧은 문장 연습부터 긴 문장 연습까지 문장을 읽고 이해하며 해결하는 연습을 하여
수학 문해력을 길러주는 문장제 연습 교재

뭘 좋아할지 몰라 다 준비했어♥
전과목 교재

전과목 시리즈 교재

●무등생 해법시리즈
– 국어/수학	1~6학년, 학기용
– 사회/과학	3~6학년, 학기용
– 봄·여름/가을·겨울	1~2학년, 학기용
– SET(전과목/국수, 국사과)	1~6학년, 학기용

●똑똑한 하루 시리즈
– 똑똑한 하루 독해	예비초~6학년, 총 14권
– 똑똑한 하루 글쓰기	예비초~6학년, 총 14권
– 똑똑한 하루 어휘	예비초~6학년, 총 14권
– 똑똑한 하루 한자	예비초~6학년, 총 14권
– 똑똑한 하루 수학	1~6학년, 총 12권
– 똑똑한 하루 계산	예비초~6학년, 총 14권
– 똑똑한 하루 도형	예비초~6학년, 총 8권
– 똑똑한 하루 사고력	1~6학년, 총 12권
– 똑똑한 하루 사회/과학	3~6학년, 학기용
– 똑똑한 하루 봄/여름/가을/겨울	1~2학년, 총 8권
– 똑똑한 하루 안전	1~2학년, 총 2권
– 똑똑한 하루 Voca	3~6학년, 학기용
– 똑똑한 하루 Reading	초3~초6, 학기용
– 똑똑한 하루 Grammar	초3~초6, 학기용
– 똑똑한 하루 Phonics	예비초~초등, 총 8권

●독해가 힘이다 시리즈
– 초등 문해력 독해가 힘이다 비문학편	3~6학년
– 초등 수학도 독해가 힘이다	1~6학년, 학기용
– 초등 문해력 독해가 힘이다 문장제수학편	1~6학년, 총 12권

영어 교재

●초등영어 교과서 시리즈
파닉스(1~4단계)	3~6학년, 학년용
영단어(1~4단계)	3~6학년, 학년용

●LOOK BOOK 영단어
	3~6학년, 단행본

●원서 읽는 LOOK BOOK 영단어
	3~6학년, 단행본

국가수준 시험 대비 교재

●해법 기초학력 진단평가 문제집
	2~6학년·중1 신입생, 총 6권

정답 및 풀이

똑똑한

하루

수학

초등
수학 **1A**
1학년 수준

천재교육

정답 및 풀이
포인트 3가지

▶ OX퀴즈로 쉬어가며 개념 확인

▶ 혼자서도 이해할 수 있는 문제 풀이

▶ 참고, 주의 등 자세한 풀이 제시

1주 · 9까지의 수 ~ 여러 가지 모양

✳ 개념 ○✗ 퀴즈

옳으면 ○에, 틀리면 ✗에 ○표 하세요.

퀴즈 1

6은 여덟 또는 육이라고 읽습니다.

○   ✗

퀴즈 2

▨, ▨은 ▨ 모양입니다.

○   ✗

정답은 7쪽에서 확인하세요.

7쪽	개념 · 원리 확인

1-1 2 2 2 **1-2** 4 4 4
3 3 3   5 5 5

2-1 이에 ○표   **2-2** 넷에 ○표
3-1 넷에 ○표   **3-2** 1에 ○표
4-1 5   **4-2** 2

2-1 2는 둘 또는 이라고 읽습니다.

2-2 4는 넷 또는 사라고 읽습니다.

4-1 새를 세어 보면 하나, 둘, 셋, 넷, 다섯이므로 5입니다.

4-2 무당벌레를 세어 보면 하나, 둘이므로 2입니다.

9쪽	개념 · 원리 확인

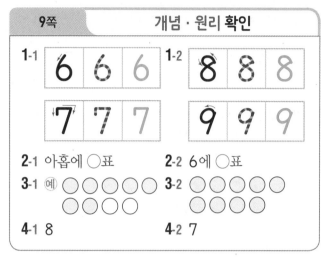

1-1 6 6 6 **1-2** 8 8 8
7 7 7   9 9 9

2-1 아홉에 ○표   **2-2** 6에 ○표
3-1 例 ○○○○○   **3-2** ○○○○○
○○○○○   ○○○○○
4-1 8   **4-2** 7

2-1 가지를 세어 보면 하나, 둘, 셋 …… 여덟, 아홉입니다.

2-2 당근을 세어 보면 하나, 둘, 셋 …… 여섯이므로 6입니다.

3-1 7은 일곱이므로 하나부터 일곱까지 세어 색칠합니다.

3-2 9는 아홉이므로 하나부터 아홉까지 세어 색칠합니다.

4-1 새를 세어 보면 하나, 둘 …… 여덟이므로 8입니다.

4-2 나비를 세어 보면 하나, 둘 …… 일곱이므로 7입니다.

10~11쪽	기초 집중 연습

1-1 5   **1-2** 7, 9
2-1 (　)(○)   **2-2** (　)(○)
3-1 다섯, 오   **3-2** 아홉, 구
4-1 4에 ○표   **4-2** 육에 ○표
기초 4   **5-1** 4개
5-2 2마리
5-3 6마리

1-1 오른쪽의 콩알을 세어 보면 다섯이므로 5입니다.

1-2 • 왼쪽의 나뭇잎을 세어 보면 일곱이므로 7입니다.
　　 • 오른쪽의 나뭇잎을 세어 보면 아홉이므로 9입니다.

2-1 • 비행기는 하나이므로 1입니다.
　　 • 자동차는 둘이므로 2입니다.

2-2 • 펭귄은 여덟이므로 8입니다.
　　 • 앵무새는 일곱이므로 7입니다.

3-1 5는 다섯 또는 오라고 읽습니다.

3-2 9는 아홉 또는 구라고 읽습니다.

4-1 꽃의 수는 4(넷, 사)입니다.

4-2 꽃의 수는 6(여섯, 육)입니다.

기초 배를 세어 보면 하나, 둘, 셋, 넷이므로 4입니다.

5-1 기린의 다리를 세어 보면 하나, 둘, 셋, 넷이므로 4개입니다.

5-2 닭을 세어 보면 하나, 둘이므로 2마리입니다.

5-3 물 속에 있는 개구리를 세어 보면 하나, 둘 …… 여섯이므로 6마리입니다.

3-1 첫째부터 순서를 세어 다섯째 참새에만 ○표 합니다.

> **주의**
> 다섯째는 순서를 나타내므로 다섯째에 있는 참새 1마리에만 ○표 합니다. 참새 5마리에 ○표 하지 않도록 주의합니다.

3-2 첫째부터 순서를 세어 아홉째 사슴에만 ○표 합니다.

4-1 왼쪽에서부터 차례로 첫째, 둘째, 셋째, 넷째, 다섯째입니다.

4-2 왼쪽에서부터 차례로 첫째, 둘째 …… 여섯째, 일곱째, 여덟째, 아홉째입니다.

15쪽	개념 · 원리 확인

1-1 (왼쪽에서부터) 3, 6, 7, 9
1-2 (왼쪽에서부터) 2, 4, 6, 8, 9
2-1　　　　　　　**2-2**

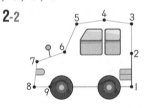

3-1 (위에서부터) 3, 4, 7, 8
3-2 (왼쪽에서부터) 7, 6, 5, 4, 3

1-1 1부터 9까지의 수를 순서대로 씁니다.

1-2 1부터 9까지의 수를 순서대로 씁니다.

2-1 1-2-3-4-5-6-7-8-9의 순서대로 이어 봅니다.

2-2 1-2-3-4-5-6-7-8-9의 순서대로 이어 봅니다.

3-1 1부터 9까지의 수를 위에서부터 순서대로 씁니다.

3-2 9부터 순서를 거꾸로 하여 수를 써 보면 9-8-7-6-5-4-3-2-1입니다.

13쪽	개념 · 원리 확인

1-1 3, 4, 5　　　　　**1-2** 7, 8, 9
2-1　　　　　　　**2-2**

3-1　　　　　　　**3-2**

4-1　　　　　　　**4-2**

1-1 셋째는 3, 넷째는 4, 다섯째는 5로 나타냅니다.

1-2 일곱째는 7, 여덟째는 8, 아홉째는 9로 나타냅니다.

기초 집중 연습

1-1

1-2

2-1

둘(이)	○○○○○○○○○○
둘째	○○○○○○○○○○

2-2

일곱(칠)	○○○○○○○○○○
일곱째	○○○○○○○○○○

3-1 (1) 3, 4 (2) 6, 7 **3-2** (1) 3, 4 (2) 8, 9

기초 🐤🐤🐤🐤🐤🐤🐤🐤🐤
첫째

4-1 노란색

4-2 태희 **4-3** 셋째

4-4 넷째

2-1 둘은 수를 나타내므로 ○를 2개 색칠하고,
둘째는 순서를 나타내므로 둘째 ○에만 색칠합
니다.

2-2 일곱은 수를 나타내므로 ○를 7개 색칠하고,
일곱째는 순서를 나타내므로 일곱째 ○에만 색칠
합니다.

기초 첫째에서부터 순서를 세어 넷째 오리에만 ○표
합니다.

4-1 아래에서부터 순서를 세어 보면 넷째 서랍은 노란
색입니다.

4-2 뒤에서부터 수혁─태희─민준……이의 순서로
서 있으므로 둘째에 서 있는 사람은 태희입니다.

4-3 앞에서부터 순서를 세어 보면 세형이는
첫째─둘째─셋째에 서 있습니다.

4-4 뒤에서부터 순서를 세어 보면 아정이는
첫째─둘째─셋째─넷째에 서 있습니다.

개념·원리 확인

1-1 4, 5 **1-2** 8, 9
2-1 (　)(○) **2-2** (　)(○)
3-1 3 **3-2** 6
4-1 4에 ○표 **4-2** 8에 ○표

2-1 6보다 1만큼 더 큰 수는 7입니다.
딸기의 수가 7인 것은 오른쪽 그림입니다.

2-2 3보다 1만큼 더 큰 수는 4입니다.
멜론의 수가 4인 것은 오른쪽 그림입니다.

3-1 2보다 1만큼 더 큰 수는 3입니다.

참고
■보다 1만큼 더 큰 수는 수를 순서대로 썼을 때
■의 바로 뒤에 오는 수입니다.

4-1 토마토의 수는 3입니다.
3보다 1만큼 더 큰 수는 4입니다.

4-2 머핀의 수는 7입니다.
7보다 1만큼 더 큰 수는 8입니다.

개념·원리 확인

1-1 1, 2 **1-2** 2, 3
2-1 (○)(　) **2-2** (　)(○)
3-1 7 **3-2** 8
4-1 3 **4-2** 5

1-1 곰의 수는 2입니다.
2보다 1만큼 더 작은 수는 1입니다.

1-2 돼지의 수는 3입니다.
3보다 1만큼 더 작은 수는 2입니다.

2-1 5보다 1만큼 더 작은 수는 4입니다.
바나나의 수가 4인 것은 왼쪽 그림입니다.

2-2 7보다 1만큼 더 작은 수는 6입니다.
딸기의 수가 6인 것은 오른쪽 그림입니다.

3-1 8보다 1만큼 더 작은 수는 7입니다.

참고
■보다 1만큼 더 작은 수는 수를 순서대로 썼을 때
■의 바로 앞에 오는 수입니다.

4-1 컵 케이크의 수는 4입니다.
4보다 1만큼 더 작은 수는 3입니다.

4-2 조각 케이크의 수는 6입니다.

6보다 1만큼 더 작은 수는 5입니다.

22~23쪽	기초 집중 연습

1-1 6, 8　　　　**1-2** 3, 5

2-1 (○)(　)　　**2-2** (　)(○)

3-1 예 🐄🐄🐄🐄🐄🐄🐄　**3-2** 예 🐋🐋🐋🐋🐋🐋🐋🐋

기초 7　　　　　　**4-1** 7개

4-2 3조각

4-3 8마리

1-1 병아리의 수는 7입니다.

7보다 1만큼 더 작은 수는 6이고, 1만큼 더 큰 수는 8입니다.

1-2 무당벌레의 수는 4입니다.

4보다 1만큼 더 작은 수는 3이고, 1만큼 더 큰 수는 5입니다.

2-1 왼쪽 그림의 수는 6입니다.

6보다 1만큼 더 큰 수는 7입니다.

방울 토마토의 수가 7인 것은 왼쪽 그림입니다.

2-2 왼쪽 그림의 수는 9입니다.

9보다 1만큼 더 작은 수는 8입니다.

굴의 수가 8인 것은 오른쪽 그림입니다.

3-1 5보다 1만큼 더 큰 수는 6입니다.

젖소 6마리를 묶습니다.

3-2 8보다 1만큼 더 작은 수는 7입니다.

고래 7마리를 묶습니다.

4-1 6보다 1만큼 더 큰 수는 7입니다.

➡ 형은 땅콩을 7개 먹었습니다.

4-2 2보다 1만큼 더 큰 수는 3입니다.

➡ 동생은 피자를 3조각 먹었습니다.

4-3 7보다 1만큼 더 큰 수는 8입니다.

➡ 염소는 8마리 있습니다.

25쪽	개념 · 원리 확인

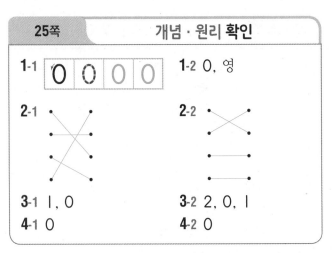

1-1 0 0 0 0　　　　**1-2** 0, 영

2-1　　　　　　**2-2**

3-1 1, 0　　　　　**3-2** 2, 0, 1

4-1 0　　　　　　**4-2** 0

2-1 사과의 수를 차례로 세어 보면 3−2−1−0입니다.

2-2 사과의 수를 차례로 세어 보면 영−하나−둘−셋입니다.

3-1 나무에 다람쥐가 1마리이므로 1, 아무것도 없으므로 0입니다.

3-2 빨랫줄에 옷이 2벌이므로 2, 아무것도 없으므로 0, 옷이 1벌이므로 1입니다.

4-1 모자를 쓴 어린이가 없으므로 0입니다.

4-2 안경을 쓴 어린이가 없으므로 0입니다.

27쪽	개념 · 원리 확인

1-1 적습니다에 ○표, 작습니다에 ○표

1-2 많습니다에 ○표, 큽니다에 ○표

2-1 예

8	○	○	○	○	○	○	○	○	
5	○	○	○	○	○				/ 5

2-2 예

4	○	○	○	○				
7	○	○	○	○	○	○	○	/ 7

3-1 9에 ○표　　　　**3-2** 3에 △표

4-1 4, 5　　　　　**4-2** 7, 6

1-1 하나씩 짝 지으면 오이가 모자라므로 오이는 고추보다 적습니다.

➡ 3은 8보다 작습니다.

1-2 하나씩 짝 지으면 당근이 남으므로 당근은 가지보다 많습니다.
→ 9는 5보다 큽니다.

2-1 하나씩 짝 지으면 5가 모자라므로 5는 8보다 작습니다.

2-2 하나씩 짝 지으면 7이 남으므로 7은 4보다 큽니다.

3-1 9는 6보다 큽니다.

3-2 3은 8보다 작습니다.

4-1 ┌ 새우는 게보다 적습니다.
└ 4는 5보다 작습니다.

> **참고**
> • 하나씩 짝 지었을 때 모자라는 쪽이 더 적습니다.
> • 하나씩 짝 지었을 때 남는 쪽이 더 많습니다.

4-2 ┌ 물고기는 오징어보다 많습니다.
└ 7은 6보다 큽니다.

28~29쪽	기초 집중 연습
1-1 6	**1-2** 7
2-1 0	**2-2** 0
3-1 4	**3-2** 7
기초 8에 ○표	**4-1** 승호
4-2 아라	
4-3 오징어	

1-1 6은 1보다 큽니다.

1-2 7은 9보다 작습니다.

2-1 남아 있는 도토리가 없으므로 0입니다.

2-2 주차장에 자동차가 하나도 없으므로 0입니다.

3-1 6, 4, 8 중에서 가장 작은 수는 4입니다.

3-2 3, 7, 5 중에서 가장 큰 수는 7입니다.

기초 8은 7보다 큽니다.

4-1 8은 7보다 크므로 승호가 먹은 딸기가 더 많습니다.

4-2 5는 3보다 크므로 아라가 딴 옥수수가 더 많습니다.

4-3 6은 4보다 크므로 오징어가 더 많습니다.

31쪽	개념 · 원리 확인
1-1 ▢에 ○표	**1-2** ▢에 ○표
2-1 (　)(○)	**2-2** (○)(　)
3-1 ▢에 ○표	**3-2** ◯에 ○표
4-1 ◯에 ×표	**4-2** ▢에 ×표

1-1 두유 팩은 ▢ 모양입니다.

1-2 통조림통은 ▢ 모양입니다.

2-1 ▢ 모양은 상자입니다.
풍선은 ◯ 모양입니다.

2-2 ▢ 모양은 김밥입니다.
배구공은 ◯ 모양입니다.

3-1 ▢ 모양은 두루마리 휴지입니다.

3-2 ◯ 모양은 야구공입니다.

4-1 • 물통과 타이어는 ▢ 모양입니다.
• 비치볼은 ◯ 모양입니다.

4-2 • 농구공과 멜론은 ◯ 모양입니다.
• 통조림통은 ▢ 모양입니다.

33쪽	개념 · 원리 확인
1-1 ▢에 ○표	**1-2** ◯에 ○표
2-1 (○)(　)	**2-2** (　)(○)
3-1	**3-2**

정답 풀이

1-1 김밥, 양초, 연필꽂이 ➡ ⬛ 모양

1-2 탱탱볼, 구슬, 볼링공 ➡ ⬤ 모양

2-1 • 왼쪽은 ⬛ 모양끼리 모은 것입니다.
• 오른쪽은 ⬤ 모양끼리 모은 것입니다.

2-2 • 왼쪽은 ⬛ 모양, ⬤ 모양입니다.
• 오른쪽은 ⬛ 모양끼리 모은 것입니다.

3-1 • 필통, 참치 캔 ➡ ⬛ 모양
• 비치볼, 당구공 ➡ ⬤ 모양
• 구급상자, 선물 상자 ➡ ⬛ 모양

3-2 • 주사위, 나무토막 ➡ ⬛ 모양
• 풀, 두루마리 휴지 ➡ ⬛ 모양
• 테니스공, 농구공 ➡ ⬤ 모양

3-1 동화책, 주사위는 ⬛ 모양이고, 휴지통은 ⬛ 모양입니다. 잘못 모은 물건은 휴지통입니다.

3-2 털실 뭉치, 배구공은 ⬤ 모양이고, 북은 ⬛ 모양입니다. 잘못 모은 물건은 북입니다.

기초 ⬤ 모양은 풍선, 볼링공입니다.

4-1 ⬤ 모양은 축구공, 구슬로 모두 2개입니다.

4-2 ⬛ 모양은 우유 팩, 책, 상자로 모두 3개입니다.

4-3 ⬛ 모양은 타이어, 참치 캔, 물감 통, 건전지입니다. ⬛ 모양이 아닌 것은 큐브, 풍선으로 모두 2개입니다.

34~35쪽	기초 집중 연습

1-1 풀에 ◯표

1-2 ⬤에 ◯표

2-1 (◯)( )

2-2 ( )(◯)

3-1 ⬛에 ×표

3-2 ⬛에 ×표

기초 (◯)( )
( )(◯)

4-1 2개

4-2 3개

4-3 2개

1-1 주사위: ⬛ 모양, 농구공: ⬤ 모양, 풀: ⬛ 모양

1-2 볼링공: ⬤ 모양, 나무토막: ⬛ 모양, 북: ⬛ 모양

2-1 • 왼쪽은 ⬛ 모양끼리 모은 것입니다.
• 오른쪽은 ⬛ 모양, ⬛ 모양입니다.

2-2 • 왼쪽은 ⬛ 모양, ⬛ 모양입니다.
• 오른쪽은 ⬛ 모양끼리 모은 것입니다.

36~37쪽	누구나 100점 맞는 테스트

1 3에 ◯표

2 ⚽에 ◯표

3 ⬤에 ◯표

4 1, 0

5 일곱, 칠

6 9

7 1

8 넷째

9

10 2개

1 크레파스를 세어 보면 하나, 둘, 셋이므로 3에 ◯표 합니다.

2 ⬤ 모양은 축구공입니다.

3 농구공, 구슬, 수박은 모두 ⬤ 모양입니다.

4 당근이 1개이므로 1, 아무것도 없으므로 0입니다.

5 7은 일곱 또는 칠이라고 읽습니다.

7 멜론의 수는 2입니다.
2보다 1만큼 더 작은 수는 1입니다.

8 앞에서부터 순서를 세어 보면 우석이는
첫째 − 둘째 − 셋째 − 넷째에 타고 있습니다.

9
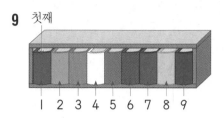

10 ⬜ 모양은 휴지 상자, 전자레인지로 모두 2개입니다.

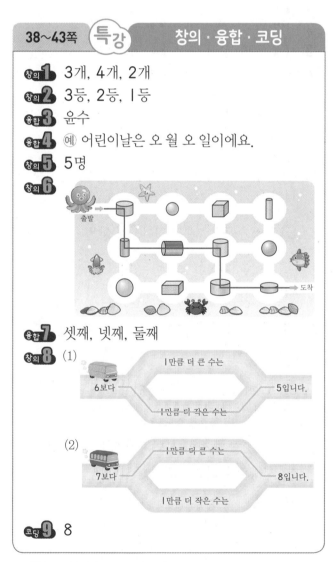

38~43쪽 **특강** **창의·융합·코딩**

창의**1** 3개, 4개, 2개

창의**2** 3등, 2등, 1등

융합**3** 윤수

융합**4** 예 어린이날은 오 월 오 일이에요.

창의**5** 5명

창의**6**

융합**7** 셋째, 넷째, 둘째

창의**8** (1)
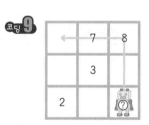

(2)

코딩**9** 8

창의**1** 유민이는 희재보다 많이 먹었고, 현수가 가장
적게 먹었습니다.
➡ 먹은 바나나의 수를 비교하면
유민>희재>현수이므로
유민 : 4개, 희재 : 3개, 현수 : 2개입니다.

창의**2** 지윤 : 1등이라고 말했으므로 1등은 아닙니다.
세훈 : 2등은 아니라고 말했으므로 2등입니다.
두영 : 꼴등이라고 말했으므로 3등은 아닙니다.
➡ 지윤이가 3등이고, 세훈이가 2등, 두영이
가 1등입니다.

융합**3** 나이 8살을 말할 때에는 여덟 살이라고 합니다.

융합**4** 날짜 5일을 말할 때에는 오 일이라고 합니다.

창의**5** 가족사진에 찍힌 사람 수는 4입니다.
4보다 1만큼 더 큰 수는 5이므로 유림이네 가
족은 모두 5명이 됩니다.

창의**6** 문어가 출발하면서 나오는 모양이 ⬛ 모양이므
로 ⬛ 모양을 따라 선을 그어 가며 미로를 통과
합니다.

융합**7** 첫째 : 알
둘째 : 알에 금이 감.
셋째 : 오리가 알을 깸.
넷째 : 알에서 오리가 나옴.

창의**8** (1) 6보다 ┌ 1만큼 더 큰 수는 7입니다.
            └ 1만큼 더 작은 수는 5입니다.
(2) 7보다 ┌ 1만큼 더 큰 수는 8입니다.
            └ 1만큼 더 작은 수는 6입니다.

코딩**9**

	7	8
		3
2		

로봇이 지나간 칸에 쓰여 있는 수 : 7, 8
➡ 8이 7보다 크므로 8이 표시됩니다.

✳ 개념 ⭕❌ 퀴즈 정답

퀴즈 **1** 6은 여섯 또는 육이라고 읽습니다.

퀴즈 **2** 우유 팩과 책은 ⬜ 모양입니다.

정답 및 풀이

2주 · 여러 가지 모양 ~ 덧셈과 뺄셈

✳ 개념 ◯✕ 퀴즈

옳으면 ◯에, 틀리면 ✕에 ◯표 하세요.

퀴즈 1

⬜ 모양은 둥근 부분이 있습니다.

◯   ✕

퀴즈 2

8에서 7을 빼면 2가 됩니다.

◯   ✕

정답은 15쪽에서 확인하세요.

47쪽	개념 · 원리 확인

1-1 •   •   **1-2** •   •

2-1 ⬜에 ◯표   **2-2** ⚪에 ◯표

3-1 [상자]에 ◯표   **3-2** ⚫에 ◯표

1-1 평평한 부분과 둥근 부분이 보이므로 ⬛ 모양입니다.

1-2 평평한 부분과 뾰족한 부분이 보이므로 ⬜ 모양입니다.

2-1 뾰족한 부분이 있는 모양은 ⬜ 모양입니다.

2-2 모든 부분이 둥근 모양은 ⚪ 모양입니다.

8 • 똑똑한 하루 수학

3-1 평평한 부분과 뾰족한 부분이 보이므로 ⬜ 모양입니다.
⬜ 모양의 물건을 찾으면 휴지 상자입니다.

3-2 둥근 부분만 보이므로 ⚪ 모양입니다.
⚪ 모양의 물건을 찾으면 구슬입니다.

49쪽	개념 · 원리 확인

1-1 ⬜에 ◯표   **1-2** ⬛에 ◯표
2-1 '없습니다'에 ◯표   **2-2** '있습니다'에 ◯표
3-1 (◯)(   )   **3-2** (   )(◯)
4-1 ㉡   **4-2** ㉢

1-1 ⬜ 모양은 둥근 부분이 없어서 잘 굴러가지 않습니다.

1-2 ⬛ 모양은 눕히면 둥근 부분이 있어서 잘 굴러갑니다.

2-1 ⚪ 모양은 둥근 부분만 있어서 잘 쌓을 수 없습니다.

2-2 ⬜ 모양은 평평한 부분만 있어서 잘 쌓을 수 있습니다.

3-1 ⬛ 모양은 둥근 부분이 있어서 눕혀서 굴리면 잘 굴러갑니다.

3-2 ⚪ 모양은 둥근 부분만 있어서 잘 쌓을 수 없지만 잘 굴러갑니다.

4-1 어느 쪽으로도 쌓기 쉬운 것은 ⬜ 모양입니다.
⬜ 모양의 물건을 찾으면 ㉡입니다.

참고
• ⬛ 모양은 평평한 부분으로 쌓을 수 있지만 둥근 부분으로는 잘 쌓을 수 없습니다.
• ⚪ 모양은 둥근 부분만 있어서 잘 쌓을 수 없습니다.

4-2 어느 방향으로도 잘 굴러가는 것은 ⚪ 모양입니다.
⚪ 모양의 물건을 찾으면 ㉢입니다.

참고

- ⬚ 모양은 평평한 부분만 있어서 잘 굴러가지 않습니다.
- ⬚ 모양은 둥근 부분으로는 잘 굴러가지만 평평한 부분으로는 잘 굴러가지 않습니다.

4-2 모든 부분이 둥근 것은 ◯ 모양입니다.
　　 모자 속에 들어 있는 물건은 ㉠입니다.

4-3 평평한 부분도 있고 둥근 부분도 있는 것은 ⬚ 모양입니다.
　　 상자 안에 들어 있는 물건은 통조림통입니다.

50~51쪽	기초 집중 연습

1-1 ◯에 ◯표　　**1-2** ⬚에 ◯표
2-1 ✕　　　　　　**2-2** ✕
3-1 ㉡　　　　　　**3-2** ㉢
기초 ⬚에 ◯표　　**4-1** ㉡
4-2 ㉠
4-3 (　)(◯)(　)

1-1 둥근 부분만 있는 모양은 ◯ 모양입니다.
　　 ◯ 모양은 어느 방향으로도 잘 굴러갑니다.

1-2 평평한 부분만 있는 모양은 ⬚ 모양입니다.
　　 ⬚ 모양은 잘 굴러가지 않습니다.

2-1 • ⬚ 모양의 물건을 찾으면 타이어입니다.
　　 • ⬚ 모양의 물건을 찾으면 나무토막입니다.

2-2 • ◯ 모양의 물건을 찾으면 비치볼입니다.
　　 • ⬚ 모양의 물건을 찾으면 쓰레기통입니다.

3-1 쌓을 수 있는 모양은 ⬚ 모양, ⬚ 모양입니다.
　　 그중 잘 굴러가지 않는 모양은 ⬚ 모양입니다.
　　 ⬚ 모양의 물건을 찾으면 ㉡입니다.

3-2 쌓을 수도 있고 굴릴 수도 있는 모양은 ⬚ 모양입니다.
　　 ⬚ 모양의 물건을 찾으면 ㉢입니다.

기초 평평한 부분과 뾰족한 부분이 있는 모양은 ⬚ 모양입니다.

4-1 평평한 부분도 있고 뾰족한 부분도 있는 것은 ⬚ 모양입니다.
　　 모자 속에 들어 있는 물건은 ㉡입니다.

53쪽	개념 · 원리 확인

1-1 ◯에 ◯표　　**1-2** ⬚에 ◯표
2-1 ⬚에 ◯표　　**2-2** ⬚에 ◯표
3-1 ◯에 ◯표　　**3-2** ⬚에 ◯표

1-1 잠자리 눈은 ◯ 모양을 이용하여 만들었습니다.

1-2 기차 바퀴는 ⬚ 모양을 이용하여 만들었습니다.

2-1 케이크 모양은 ⬚ 모양을 이용하여 만들었습니다.

2-2 의자 모양은 ⬚ 모양을 이용하여 만들었습니다.

3-1 ⬚ 모양, ⬚ 모양을 이용하여 만들었습니다.

3-2 ⬚ 모양, ◯ 모양을 이용하여 만들었습니다.

55쪽	개념 · 원리 확인

1-1 ◯에 ◯표, 3　　**1-2** ⬚에 ◯표, 5
2-1 3　　　　　　　**2-2** 4
3-1 1개, 2개　　　　**3-2** 2개, 3개

2-1 ⬚ 모양을 3개 이용했습니다.

2-2 ⬚ 모양을 4개 이용했습니다.

3-1~3-2 모양별로 서로 다른 표시를 해 가며 세어 봅니다.

56~57쪽　　기초 집중 연습

1-1 ⬜, ⬛에 ○표　　　**1**-2 ⬛, ⬤에 ○표
2-1 (　)(○)　　　　**2**-2 (○)(　)
3-1 2개, 4개, 2개　　　**3**-2 2개, 3개, 2개
기초 ○　　　　　　　　　**4**-1 ×
4-2 ○
4-3 ㉠

1-1 ⬜ 모양, ⬛ 모양을 이용하여 만들었습니다.

1-2 ⬜ 모양, ⬤ 모양을 이용하여 만들었습니다.

2-1 왼쪽: ⬛ 모양, ⬤ 모양을 이용하여 만들었습니다.
오른쪽: ⬜ 모양을 이용하여 만들었습니다.

2-2 왼쪽: ⬜ 모양을 이용하여 만들었습니다.
오른쪽: ⬜ 모양, ⬛ 모양을 이용하여 만들었습니다.

기초 ⬜ 모양 4개를 이용하여 만들었습니다.

4-1 보기 의 모양은 ⬜ 모양 2개, ⬛ 모양 I개,
⬤ 모양 2개입니다.
만든 모양은 ⬜ 모양 I개, ⬛ 모양 2개, ⬤ 모양
2개로 만들었습니다.

4-2 보기 의 모양인 ⬜ 모양 2개, ⬛ 모양 2개,
⬤ 모양 2개를 모두 이용하여 만들었습니다.

4-3 보기 의 모양인 ⬛ 모양 3개, ⬤ 모양 2개를 모
두 이용하여 만든 모양은 ㉠입니다.
㉡의 만든 모양은 ⬜ 모양 I개, ⬛ 모양 2개,
⬤ 모양 2개로 만들었습니다.

59쪽　　개념 · 원리 확인

1-1 3　　　　　　　**1**-2 (위에서부터) 2, 5
2-1 예 2, 3　　　　**2**-2 예 2, I
3-1 (1) 4　(2) 5　　**3**-2 (1) I, I　(2) 2

1-1 우산 I개와 2개를 모으기 하면 우산 3개가 됩니다.

1-2 색연필 3자루와 2자루를 모으기 하면 색연필 5
자루가 됩니다.

2-1 모자 5개는 2개와 3개로 가르기 할 수 있습니다.

2-2 나비 3마리는 2마리와 I마리로 가르기 할 수 있
습니다.

3-1 (1) 2와 2를 모으기 하면 4가 됩니다.
(2) 4와 I을 모으기 하면 5가 됩니다.

3-2 (1) 2는 I과 I로 가르기 할 수 있습니다.
(2) 5는 3과 2로 가르기 할 수 있습니다.

61쪽　　개념 · 원리 확인

1-1 6　　　　　　　**1**-2 (위에서부터) 4, 9
2-1 예 2, 5　　　　**2**-2 예 5, 3
3-1 (1) 6　(2) 8　　**3**-2 (1) 6　(2) 7

1-1 점 4개와 2개를 모으기 하면 점 6개가 됩니다.

1-2 점 5개와 4개를 모으기 하면 점 9개가 됩니다.

2-1 구슬 7개는 2개와 5개로 가르기 할 수 있습니다.

2-2 젤리 8개는 5개와 3개로 가르기 할 수 있습니다.

3-1 (1) I과 5를 모으기 하면 6이 됩니다.
(2) 4와 4를 모으기 하면 8이 됩니다.

3-2 (1) 7은 6과 I로 가르기 할 수 있습니다.
(2) 9는 2와 7로 가르기 할 수 있습니다.

62~63쪽　　기초 집중 연습

1-1 5　　　　　　　**1**-2 예 4, 2
2-1 2 / I, 3　　　　**2**-2 3 / 5, 2
3-1　　　　　　　　**3**-2
기초 2　　　　　　　**4**-1 2개
4-2 2조각
4-3 4개

1-1 상자 안의 머핀 4개와 접시 위의 머핀 I개를 모
으기 하면 머핀 5개가 됩니다.

1-2 곰인형 6개는 4개와 2개로 가르기 할 수 있습니다.

2-1 • 왼쪽: 구슬 4개는 2개와 2개로 가르기 할 수 있습니다.

• 오른쪽: 구슬 4개는 1개와 3개로 가르기 할 수 있습니다.

2-2 • 왼쪽: 구슬 7개는 4개와 3개로 가르기 할 수 있습니다.

• 오른쪽: 구슬 7개는 5개와 2개로 가르기 할 수 있습니다.

3-1 • 리본 4개와 2개를 모으면 리본 6개가 됩니다.

• 리본 3개와 3개를 모으면 리본 6개가 됩니다.

3-2 • 사탕 3개와 6개를 모으면 사탕 9개가 됩니다.

• 사탕 4개와 5개를 모으면 사탕 9개가 됩니다.

4-1 6은 4와 2로 가르기 할 수 있으므로
오른손에 있는 구슬은 2개입니다.

> **참고**
>
> 구슬 6개를 양손에 나누어 가진 것은 6을 두 수로 가르기 하여 구할 수 있습니다.
> 6은 4와 몇으로 가르기 할 수 있는지 구해 봅니다.

4-2 5는 3과 2로 가르기 할 수 있으므로
오른쪽 접시에 담은 케이크는 2조각입니다.

4-3 8은 4와 4로 가르기 할 수 있으므로
우석이가 가진 딸기는 4개입니다.

65쪽	개념 · 원리 확인

1-1 4 **1-2** 6
2-1 (1) 예 4+3=7 **2-2** (1) 예 3+5=8
　　(2) 예 1+5=6 　　(2) 4+4=8
3-1 5, 9 / 5, 9 **3-2** 2, 8 / 2, 합, 8

1-1 개구리 3마리에 새로 온 개구리 1마리를 더하면
모두 4마리입니다.

> **참고**
>
> 더하기를 하면 수가 커집니다.

1-2 닭 2마리와 병아리 4마리를 더하면 모두 6마리입니다.

2-1 (1) 하마 4마리와 3마리를 더하면 모두 7마리입니다.
　　➔ 4+3=7
　(2) 나비 1마리와 5마리를 더하면 모두 6마리입니다.
　　➔ 1+5=6

2-2 (1) 펭귄 3마리와 5마리를 더하면 모두 8마리입니다.
　　➔ 3+5=8
　(2) 거북 4마리와 4마리를 더하면 모두 8마리입니다.
　　➔ 4+4=8

3-1 점 5개와 4개를 더하면 모두 9개입니다.
➔　5　+　4　=　9
　5 더하기 4는　9와 같습니다.

3-2 점 6개와 2개를 더하면 모두 8개입니다.
➔　6　+　2　=　8
　6과　2의 합은　8입니다.

정답
풀이

67쪽	개념 · 원리 확인

1-1 5 **1-2** 8
2-1 7 / 예 5+2=7 **2-2** 6 / 3+3=6
3-1 9 /

○	○	○	○	○
○	○	○	○	

3-2 8 /

○	○	○	○	○
○	○	○		

1-1 돼지 4마리와 양 1마리는 모두 5마리입니다.

2-1 물개 5마리가 있는데 2마리가 더 와서 모두 7마리가 되었습니다.
➔ 5+2=7

2-2 새 3마리가 있는데 3마리가 더 와서 모두 6마리가 되었습니다.

➡ 3+3=6

3-1 ○ 1개에 이어서 ○ 8개를 더 그리면 모두 9개입니다. ➡ 1+8=9

3-2 ○ 6개에 이어서 ○ 2개를 더 그리면 모두 8개입니다. ➡ 6+2=8

68~69쪽	기초 집중 연습
1-1 8 / 8	**1-2** 9 / 9
2-1 3+3=6	**2-2** 6+1=7
3-1 · ╲ / 8	**3-2** · ╱ / 6
연산 4	**4-1** 3+1=4, 4명
4-2 2+3=5, 5대	
4-3 4+4=8, 8개	

1-1 1과 7을 모으기 하면 8이 됩니다.

➡ 1+7=8

1-2 6과 3을 모으기 하면 9가 됩니다.

➡ 6+3=9

2-1 새가 3마리 있는데 3마리가 더 와서 모두 6마리가 되었습니다.

➡ 3+3=6

2-2 백곰이 6마리 있었는데 1마리가 더 와서 모두 7마리가 되었습니다.

➡ 6+1=7

3-1 물고기가 5마리 있는데 3마리를 더 넣으면 모두 8마리가 됩니다.

➡ 5+3=8

3-2 오리 2마리와 4마리를 더하면 모두 6마리입니다.

➡ 2+4=6

4-1 (전체 어린이 수)
=(그네를 타고 있던 어린이 수)+(더 온 어린이 수)
=3+1=4(명)

4-2 (전체 자동차의 수)
=(처음에 있던 자동차의 수)+(더 온 자동차의 수)
=2+3=5(대)

4-3 (사과와 배의 수)
=(사과의 수)+(배의 수)
=4+4=8(개)

71쪽	개념·원리 확인
1-1 4	**1-2** 4
2-1 ⑴ 1	**2-2** ⑴ 7, 1
⑵ 9-4=5	⑵ 8-6=2
3-1 5 / 3, 차, 5	**3-2** 2 / 빼기, 2

1-1 사과가 5개 있었는데 1개를 먹어서 4개가 남았습니다.

> 참고
>
> 빼기를 하면 수가 작아집니다.

1-2 주스가 6컵 있었는데 2컵을 마셔서 4컵이 남았습니다.

2-1 ⑴ 털모자 4개와 털장갑 3개를 비교하면 털모자가 1개 더 많습니다. ➡ 4-3=1

⑵ 바나나 9개 중에서 4개를 덜어 내면 5개가 남습니다. ➡ 9-4=5

2-2 ⑴ 아이스크림 7개와 숟가락 6개를 비교하면 아이스크림이 1개 더 많습니다. ➡ 7-6=1

⑵ 당근 8개 중에서 6개를 덜어 내면 2개가 남습니다. ➡ 8-6=2

3-1 숟가락 8개와 포크 3개를 비교하면 숟가락이 5개 더 많습니다.

➡ $\underset{\text{8과}}{8} - \underset{\text{3의 차는}}{3} = \underset{\text{5입니다.}}{5}$

3-2 자동차가 4대 있었는데 2대가 나가서 2대가 남았습니다.

➡ $\underset{\text{4}}{4} - \underset{\text{빼기 2는}}{2} = \underset{\text{2와 같습니다.}}{2}$

73쪽	개념·원리 확인

1-1 2, 4 **1-2** 4, 5
2-1 2 / (예) 5−3=2 **2-2** 3 / (예) 9−6=3
3-1 5 / (예) ○○○○○⌀⌀
3-2 3 /

1-1 수박 6조각 중에서 2조각을 먹었더니 4조각이 남았습니다. ➡ 6−2=4

1-2 접시 9개와 달걀 프라이 4개를 비교하면 접시가 5개 더 많습니다. ➡ 9−4=5

2-1 깃발 5개 중에서 3개가 떨어져서 2개가 남았습니다. ➡ 5−3=2

2-2 사과 9개 중에서 6개가 빨간 사과이므로 초록 사과는 3개입니다. ➡ 9−6=3

3-1 ○를 7개 그리고 2개를 /로 지우면 5개가 남습니다. ➡ 7−2=5

3-2 연두색 구슬 8개와 주황색 구슬 5개를 비교하면 연두색 구슬이 3개 더 많습니다. ➡ 8−5=3

74~75쪽	기초 집중 연습

1-1 4 / 4 **1-2** 1 / 1
2-1 3−2=1 **2-2** 7−6=1
3-1 / 4, 4 **3-2** / 2, 2
연산 3 **4-1** 4−1=3, 3개
4-2 7−2=5, 5마리
4-3 9−3=6, 6개

1-1 5는 1과 4로 가르기 할 수 있습니다. ➡ 5−1=4

1-2 8은 7과 1로 가르기 할 수 있습니다. ➡ 8−7=1

2-1 주차장에 있는 자동차 3대 중에서 2대가 나가서 1대가 남았습니다. ➡ 3−2=1

2-2 땅콩 7개와 호두 6개를 비교하면 땅콩이 1개 더 많습니다. ➡ 7−6=1

3-1 • 음료수 6개 중에서 2개를 꺼내고 남은 음료수는 4개입니다. ➡ 6−2=4
• 야구공 5개는 야구 장갑 1개보다 4개 더 많습니다. ➡ 5−1=4

3-2 • 조개 6개는 진주 4개보다 2개 더 많습니다. ➡ 6−4=2
• 새 7마리 중에서 5마리가 날아가고 남은 새는 2마리입니다. ➡ 7−5=2

4-1 (남아 있는 풍선의 수)
=(처음 풍선의 수)−(터진 풍선의 수)
=4−1=3(개)

4-2 (남아 있는 돼지의 수)
=(울타리 안에 있던 돼지의 수)−(나간 돼지의 수)
=7−2=5(마리)

4-3 (남아 있는 바나나의 수)
=(처음에 있던 바나나의 수)−(먹은 바나나의 수)
=9−3=6(개)

76~77쪽	누구나 100점 맞는 테스트

1 5 **2** 🥫에 ○표
3 (1) 9 (2) 6
4 6 **5** 2
6
7 5 **8** ㉡
9 4+3=7, 7대 **10** 2개

1 버섯 4개와 1개를 모으기 하면 버섯 5개가 됩니다.

2 🥫 모양 5개를 이용하여 만들었습니다.

정답 및 풀이 • **13**

3 (1)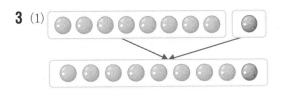

8과 1을 모으기 하면 9가 됩니다.

(2)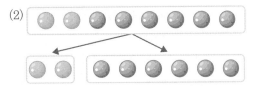

8은 2와 6으로 가르기 할 수 있습니다.

4 점 5개와 1개를 더하면 모두 6개입니다.

 ➡ 5+1=6

5 바나나 4개 중에서 2개를 먹고 2개가 남았습니다.
○ ○ ∅ ∅ ➡ 4-2=2

6

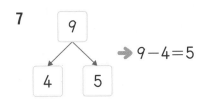

평평한 부분과 둥근 부분이 보이므로 🗑 모양입니다.
🗑 모양의 물건을 찾으면 통조림통입니다.

7

9
4 5 ➡ 9-4=5

8 ⚪ 모양은 둥근 부분만 있습니다.

> **참고**
> ㉠ 위와 아래가 평평한 것은 ⬜, 🗑 모양입니다.

9 (승용차의 수)+(트럭의 수)=4+3=7(대)

10 기차 모양을 만드는 데 🗑 모양을 2개 이용하였습니다.

> **참고**
> 모양별로 서로 다른 표시를 하며 세어 봅니다.
>
>
>
> ⬜ 모양은 이용하지 않았고, 🗑 모양은 2개, ⚪ 모양
> 은 4개 이용하였습니다.

78~83쪽 특강   창의·융합·코딩

창의**1** 지수, 다혜, 시연(또는 시연, 다혜, 지수)

창의**2** 8살, 7살, 9살

융합**3** 🗑에 ○표

창의**4**

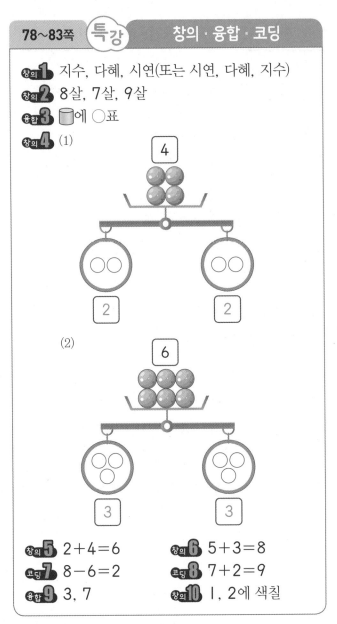

창의**5** 2+4=6   창의**6** 5+3=8

코딩**7** 8-6=2   코딩**8** 7+2=9

융합**9** 3, 7   창의**10** 1, 2에 색칠

창의**1**
• 지수가 다혜 옆에 서서 찍으면 다혜의 옆에는 지수가 서게 됩니다.
• 다혜는 시연이 옆에 서서 찍습니다.
➡ 다혜의 옆에는 지수와 시연이가 서게 되므로 다혜는 가운데에 서게 됩니다.
따라서 지수 ─ 다혜 ─ 시연 또는
시연 ─ 다혜 ─ 지수의 순서로 서서 사진을 찍었을 것입니다.

창의**2**
• 세 선수의 나이는 7살, 8살, 9살로 모두 다릅니다.
• 김민수 선수는 이영우 선수보다 어립니다.
• 정재호 선수는 이영우 선수보다 1살 많습니다.
➡ 김민수 선수 < 이영우 선수 < 정재호 선수
   7살   8살   9살

융합 3 ·🔲 모양은 둥근 부분이 없어서 잘 굴러가지 않습니다.
·🔵 모양은 눕히면 둥근 부분이 있어서 잘 굴러갑니다.

창의 4 (1) 구슬 4개는 구슬 2개씩으로 가르기 할 수 있습니다.
➡ 4는 같은 수 2와 2로 가르기 할 수 있습니다.
(2) 구슬 6개는 구슬 3개씩으로 가르기 할 수 있습니다.
➡ 6은 같은 수 3과 3으로 가르기 할 수 있습니다.

창의 5 고양이: 2, 모자: 4
➡ 모자를 쓴 고양이: 2+4=6

창의 6 강아지: 5, 뼈다귀: 3
➡ 뼈다귀를 든 강아지: 5+3=8

코딩 7 '8'에서 오른쪽으로 1칸 움직이면 '−'
'−'에서 아래쪽으로 1칸 움직이면 '6'
➡ 8−6=2

코딩 8 '7'에서 아래쪽으로 2칸 움직이면 '+'
'+'에서 왼쪽으로 1칸 움직이면 '2'
➡ 7+2=9

융합 9 四(4)는 一(1)과 3으로 가르기 할 수 있습니다.
五(5)와 二(2)를 모으기 하면 7이 됩니다.

창의 10 합이 3이 되는 버튼의 수는 1과 2입니다.
➡ 1+2=3

✱ 개념 ◯✕ 퀴즈 정답

퀴즈 1 ◯ ⊗
퀴즈 2 ◯ ⊗

퀴즈 1 🔲 모양은 둥근 부분이 없고, 평평한 부분과 뾰족한 부분이 있습니다.

퀴즈 2 8−7=1

3주 · 덧셈과 뺄셈 ∼ 비교하기

✱ 개념 ◯✕ 퀴즈

옳으면 ◯에, 틀리면 ✕에 ◯표 하세요.

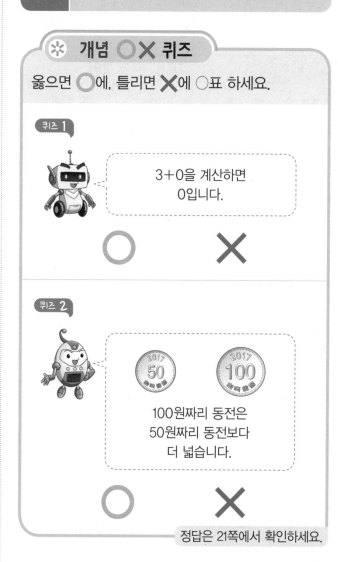

퀴즈 1
3+0을 계산하면 0입니다.

◯   ✕

퀴즈 2
100원짜리 동전은 50원짜리 동전보다 더 넓습니다.

◯   ✕

정답은 21쪽에서 확인하세요.

87쪽	개념 · 원리 확인
1-1 6, 6, 6	**1-2** 0, 0, 8
2-1 7, 7	**2-2** 3, 0, 3
3-1 2	**3-2** 9
4-1 0+5에 ◯표	**4-2** 0+4에 ◯표

2-1 왼쪽은 비어 있고, 오른쪽에는 옥수수가 7개 있으므로 모두 7개입니다.

2-2 왼쪽에는 사탕이 3개 있고, 오른쪽은 비어 있으므로 모두 3개입니다.

3-1 0+(어떤 수)=(어떤 수)

3-2 (어떤 수)+0=(어떤 수)

정답
풀이

4-1 $0+5=5$, $1+3=4$, $4+0=4$

4-2 $8+0=8$, $4+4=8$, $0+4=4$

89쪽	개념 · 원리 **확인**
1-1 2	**1-2** 6, 6
2-1 7, 0	**2-2** 8, 0
3-1 5	**3-2** 0
4-1 (○)( )	**4-2** ( )(○)

1-1 빗자루 2개에서 한 개도 빼지 않았으므로 2개가 그대로 남아 있습니다.

1-2 참새 6마리에서 한 마리도 빼지 않았으므로 6마리가 그대로 남아 있습니다.

2-1 막대 사탕 7개 중에서 7개를 먹었으므로 남은 사탕의 수는 0입니다.
➜ $7-7=0$

2-2 켜져 있는 초 8개 중에서 8개가 꺼졌으므로 켜져 있는 초의 수는 0입니다.
➜ $8-8=0$

3-1 (어떤 수)$-0=$(어떤 수)

3-2 (어떤 수)$-$(어떤 수)$=0$

4-1 $8-8=0$

4-2 $3-0=3$

90~91쪽	기초 집중 연습
1-1 (1) 7 (2) 4	**1-2** (1) 3 (2) 0
2-1 +	**2-2** −
3-1 9	**3-2** 7
4-1 0, 1, 1, 3	**4-2** 1, 2, 3, 4
연산 0	**5-1** $3-3=0$, 0개
5-2 $8-8=0$, 0개	
5-3 $9-0=9$, 9권	

1-1 (1) $0+$(어떤 수)$=$(어떤 수)
(2) (어떤 수)$+0=$(어떤 수)

1-2 (1) (어떤 수)$-0=$(어떤 수)
(2) (어떤 수)$-$(어떤 수)$=0$

2-1 0에 어떤 수를 더하면 어떤 수가 나오므로 '+'를 씁니다.

2-2 어떤 수에서 그 수 전체를 빼면 0이 되므로 '−'를 씁니다.

3-1 $9+0=9$

3-2 $7-0=7$

4-1 두 수를 더해서 3이 되는 식은
$0+3=3$, $1+2=3$, $2+1=3$, $3+0=3$입니다.

4-2 같은 두 수의 차는 0입니다.

5-1 자두 3개 중에서 3개를 먹었으므로 접시 위에 남은 자두는 $3-3=0$(개)입니다.

5-2 초콜릿 8개 중에서 8개를 동생에게 주었으므로 승철이에게 남은 초콜릿은 $8-8=0$(개)입니다.

5-3 책장에 책이 9권 있었는데 빌려 간 사람이 없었으므로 책장에 남은 책은 $9-0=9$(권)입니다.

93쪽	개념 · 원리 **확인**
1-1 짧습니다에 ○표	**1-2** 깁니다에 ○표
2-1 오른쪽에 ○표	**2-2** 왼쪽에 ○표
3-1 위쪽에 △표	**3-2** 아래쪽에 △표
4-1 가지, 고추	**4-2** 숟가락, 젓가락

1-1 왼쪽 끝이 맞추어져 있으므로 오른쪽 끝을 비교하면 지우개는 가위보다 더 짧습니다.

1-2 왼쪽 끝이 맞추어져 있으므로 오른쪽 끝을 비교하면 자는 클립보다 더 깁니다.

2-1 위쪽 끝이 맞추어져 있으므로 아래쪽 끝이 남는 것이 더 깁니다.

2-2 아래쪽 끝이 맞추어져 있으므로 위쪽 끝이 남는 것이 더 깁니다.

3-1 왼쪽 끝이 맞추어져 있으므로 오른쪽 끝을 비교하면 위의 끈이 아래 끈보다 더 짧습니다.

3-2 오른쪽 끝이 맞추어져 있으므로 왼쪽 끝을 비교하면 파란색 줄넘기가 빨간색 줄넘기보다 더 짧습니다.

4-1 왼쪽 끝이 맞추어져 있으므로 오른쪽 끝을 비교하면 가지는 고추보다 더 깁니다.

4-2 왼쪽 끝이 맞추어져 있으므로 오른쪽 끝을 비교하면 숟가락은 젓가락보다 더 짧습니다.

95쪽	개념 · 원리 확인
1-1 맨 위쪽에 ◯표	**1**-2 가운데에 ◯표
2-1 압정	**2**-2 삽
3-1 짧습니다	**3**-2 깁니다

1-1 왼쪽 끝이 맞추어져 있으므로 오른쪽 끝을 비교하면 맨 위의 끈이 가장 깁니다.

1-2 왼쪽 끝이 맞추어져 있으므로 오른쪽 끝을 비교하면 가운데 화살표가 가장 깁니다.

2-1 왼쪽 끝이 맞추어져 있으므로 오른쪽 끝을 비교하면 압정이 가장 짧습니다.

2-2 왼쪽 끝이 맞추어져 있으므로 오른쪽 끝을 비교하면 삽이 가장 짧습니다.

3-1 왼쪽 끝이 맞추어져 있으므로 오른쪽 끝을 비교하면 오토바이가 가장 짧습니다.

3-2 오른쪽 끝이 맞추어져 있으므로 왼쪽 끝을 비교하면 대파가 가장 깁니다.

96~97쪽	기초 집중 연습
1-1 왼쪽에 ◯표	**1**-2 오른쪽에 △표
2-1	**2**-2
3-1 버스, 자전거	**3**-2 당근, 바나나
기초 맨 아래쪽에 ◯표	**4**-1 붓
4-2 머리핀	
4-3 자	

1-1 아래쪽 끝이 맞추어져 있으므로 위쪽 끝을 비교하면 필통보다 더 긴 것은 가위입니다.

1-2 아래쪽 끝이 맞추어져 있으므로 위쪽 끝을 비교하면 치약보다 더 짧은 것은 빗입니다.

2-1~**2**-2 아래쪽 끝이 맞추어져 있으므로 위쪽 끝을 비교합니다.

3-1~**3**-2 오른쪽 끝이 맞추어져 있으므로 왼쪽 끝을 비교합니다.

기초 왼쪽 끝이 맞추어져 있으므로 오른쪽 끝을 비교하면 맨 아래의 색 테이프가 하늘색 테이프보다 더 깁니다.

4-1 왼쪽 끝이 맞추어져 있으므로 오른쪽 끝을 비교하면 붓이 연필보다 더 깁니다.

4-2 왼쪽 끝이 맞추어져 있으므로 오른쪽 끝을 비교하면 양말보다 더 짧은 것은 머리핀입니다.

4-3 아래쪽 끝이 맞추어져 있으므로 위쪽 끝을 비교하면 가위보다 더 긴 것은 자입니다.

99쪽	개념 · 원리 확인
1-1 왼쪽에 ◯표	**1**-2 오른쪽에 ◯표
2-1 오른쪽에 △표	**2**-2 왼쪽에 △표
3-1 정우, 민하	**3**-2 사슴, 기린

1-1~**1**-2 아래쪽이 맞추어져 있으므로 위쪽을 비교합니다.

2-1~**2**-2 아래쪽이 맞추어져 있으므로 위쪽을 비교합니다.

3-1 아래쪽이 맞추어져 있으므로 위쪽을 비교하면 정우는 민하보다 키가 더 큽니다.

3-2 아래쪽이 맞추어져 있으므로 위쪽을 비교하면 사슴은 기린보다 키가 더 작습니다.

101쪽 · 개념 · 원리 확인

1-1 높습니다에 ○표 **1-2** 낮습니다에 ○표
2-1 오른쪽에 ○표 **2-2** 오른쪽에 △표
3-1 다 **3-2** 가

1-1 아래쪽이 맞추어져 있으므로 위쪽을 비교하면 냉장고는 전자레인지보다 더 높습니다.

1-2 아래쪽이 맞추어져 있으므로 위쪽을 비교하면 책상은 서랍장보다 더 낮습니다.

2-1~2-2 아래쪽이 맞추어져 있으므로 위쪽을 비교합니다.

3-1 아래쪽이 맞추어져 있으므로 위쪽을 비교하면 다가 가장 높습니다.

3-2 아래쪽이 맞추어져 있으므로 위쪽을 비교하면 가가 가장 낮습니다.

102~103쪽 · 기초 집중 연습

1-1 오른쪽에 ○표 **1-2** 왼쪽에 ○표
2-1 민지 **2-2** 가
3-1 은우, 민재 **3-2** 참새, 까치
기초 왼쪽에 ○표
4-1 예 빌딩은 집보다 더 높습니다.
4-2 예 의자는 책장보다 더 낮습니다.
4-3 예 튤립의 키가 가장 큽니다.

1-1 아래쪽이 맞추어져 있으므로 위쪽을 비교하면 소가 돼지보다 키가 더 큽니다.

1-2 아래쪽이 맞추어져 있으므로 위쪽을 비교하면 노란색 블록이 왼쪽 블록보다 더 높습니다.

2-1 위쪽이 맞추어져 있으므로 아래쪽을 비교하면 민지는 지호보다 키가 더 작습니다.

주의
머리끝이 맞추어져 있다고 키가 같은 것이 아닙니다. 머리끝이 맞추어져 있을 때는 발끝을 비교합니다.

2-2 위쪽이 맞추어져 있으므로 아래쪽을 비교하면 가 나무는 나 나무보다 더 높습니다.

3-1 아래쪽이 맞추어져 있으므로 위쪽을 비교합니다.

3-2 아래쪽을 기준으로 하여 높이를 비교합니다.

기초 아래쪽이 맞추어져 있으므로 위쪽을 비교하면 빌딩이 집보다 더 높습니다.

4-1 빌딩과 집 중에서 더 높은 빌딩으로 문장을 시작합니다.

4-2 의자와 책장 중에서 더 낮은 의자로 문장을 시작합니다.

4-3 세 꽃 중에서 키가 가장 큰 튤립으로 문장을 시작합니다.

105쪽 · 개념 · 원리 확인

1-1 오른쪽에 ○표 **1-2** 오른쪽에 △표
2-1 상미 **2-2** 연필
3-1 **3-2**

1-1 인형은 크레파스보다 더 무겁습니다.

1-2 바나나는 수박보다 더 가볍습니다.

2-1 시소는 더 무거운 쪽으로 내려가므로 상미는 진주보다 더 무겁습니다.

2-2 양팔 저울에서는 올라간 쪽이 더 가벼우므로 연필이 지우개보다 더 가볍습니다.

참고
시소와 양팔 저울에서 더 무거운 쪽은 내려가고, 더 가벼운 쪽은 올라갑니다.

3-1 코끼리가 가장 무겁고, 다람쥐가 가장 가볍습니다.

3-2 가방이 가장 무겁고, 깃털이 가장 가볍습니다.

107쪽 개념·원리 확인

1-1 오른쪽에 ○표   **1-2** 오른쪽에 △표

2-1   **2-2**

3-1 넓습니다   **3-2** 좁습니다

4-1 다   **4-2** 가

1-1 겹쳐 보았을 때 남는 달력이 더 넓습니다.

1-2 겹쳐 보았을 때 모자라는 손수건이 더 좁습니다.

2-1 오른쪽이 왼쪽보다 더 넓으므로 오른쪽에 색칠합니다.

2-2 왼쪽이 오른쪽보다 더 좁으므로 왼쪽에 색칠합니다.

3-1 축구 골대는 농구 골대보다 더 넓습니다.

3-2 교실은 운동장보다 더 좁습니다.

4-1 겹쳐 보았을 때 다 접시가 가장 넓습니다.

4-2 겹쳐 보았을 때 가 창문이 가장 좁습니다.

108~109쪽 기초 집중 연습

1-1 무   **1-2** 플루트

2-1 (예)

2-2 (예)

3-1 왼쪽에 ○표   **3-2** 오른쪽에 ○표

기초 고양이   **4-1** 고양이

4-2 아버지

4-3 연필

1-1 무가 가장 무겁습니다.

1-2 플루트가 가장 가볍습니다.

2-1 왼쪽에는 주어진 모양과 겹쳤을 때 모자라는 ▨ 모양을 그리고 오른쪽에는 주어진 모양과 겹쳤을 때 남는 ▨ 모양을 그립니다.

2-2 왼쪽에는 주어진 모양과 겹쳤을 때 모자라는 ⬤ 모양을 그리고 오른쪽에는 주어진 모양과 겹쳤을 때 남는 ⬤ 모양을 그립니다.

3-1 별을 가릴 수 있으려면 별보다 더 넓은 모양이어야 합니다.

3-2 편지지를 가릴 수 있으려면 편지지보다 더 넓은 봉투이어야 합니다.

> **참고**
>
> 더 넓은 것으로 더 좁은 것을 가릴 수 있습니다.

기초 고양이는 쥐보다 더 무겁습니다.

4-1 가 상자가 더 많이 찌그러졌으므로 더 무거운 고양이가 앉았을 것입니다.

4-2 나 의자가 더 많이 찌그러졌으므로 더 무거운 아버지가 앉았을 것입니다.

4-3 가 종이받침대가 더 적게 찌그러졌으므로 더 가벼운 연필을 올려 놓았을 것입니다.

111쪽 개념·원리 확인

1-1 왼쪽에 ○표   **1-2** 왼쪽에 ○표

2-1 왼쪽에 △표   **2-2** 오른쪽에 △표

3-1 많습니다   **3-2** 적습니다

1-1~1-2 그릇의 크기가 더 큰 것이 담을 수 있는 양이 더 많습니다.

2-1~2-2 그릇의 크기가 더 작은 것이 담을 수 있는 양이 더 적습니다.

3-1 그릇의 크기가 더 큰 냄비가 밥그릇보다 담을 수 있는 양이 더 많습니다.

3-2 그릇의 크기가 더 작은 세면대가 욕조보다 담을 수 있는 양이 더 적습니다.

113쪽 개념 · 원리 확인

1-1 오른쪽에 ○표
1-2 오른쪽에 ○표
2-1 오른쪽에 △표
2-2 왼쪽에 △표
3-1 가, 나
3-2 가, 나

1-1 그릇의 모양과 크기가 같으므로 물의 높이를 비교합니다.

1-2 물의 높이가 같으므로 그릇의 크기를 비교합니다.

2-1 그릇의 모양과 크기가 같으므로 물의 높이를 비교합니다.

2-2 물의 높이가 같으므로 그릇의 크기를 비교합니다.

3-1 모양과 크기가 같은 그릇이므로 우유의 높이를 비교하면 가 그릇에 담긴 우유는 나 그릇에 담긴 우유보다 더 많습니다.

3-2 주스의 높이가 같으므로 그릇의 크기를 비교하면 가 그릇에 담긴 주스는 나 그릇에 담긴 주스보다 더 적습니다.

114~115쪽 기초 집중 연습

1-1 3, 1, 2
1-2 2, 1, 3
2-1 (예)
2-2 (예)
3-1 ㉠
3-2 ㉡
기초 오른쪽에 ○표
4-1 동현
4-2 진아
4-3 수호

1-1 그릇의 모양과 크기가 같으므로 물의 높이를 비교하면 가운데 그릇에 담긴 물의 양이 가장 많고, 맨 왼쪽 그릇에 담긴 물의 양이 가장 적습니다.

1-2 물의 높이가 같으므로 그릇의 크기를 비교하면 가운데 그릇에 담긴 물의 양이 가장 많고, 맨 오른쪽 그릇에 담긴 물의 양이 가장 적습니다.

2-1 컵의 모양과 크기가 같으므로 왼쪽 컵의 물의 높이보다 더 높게 되도록 그립니다.

2-2 컵의 모양과 크기가 같으므로 왼쪽 컵의 물의 높이보다 더 낮게 되도록 그립니다.

3-1 왼쪽 주전자에 가득 담긴 물을 넘치지 않게 모두 옮겨 담을 수 있는 것은 주전자보다 물을 더 많이 담을 수 있는 세숫대야(㉠)입니다.

3-2 왼쪽 양동이에 가득 담긴 물을 넘치지 않게 모두 옮겨 담을 수 있는 것은 양동이보다 물을 더 많이 담을 수 있는 어항(㉡)입니다.

> **참고**
> 가득 담긴 물을 넘치지 않게 모두 옮겨 담으려면 담을 수 있는 양이 더 많은 것이어야 합니다.

기초 물병의 크기를 비교하여 담을 수 있는 물의 양을 비교합니다.

4-1 동현이의 물병의 크기가 더 크므로 물을 더 많이 담아갈 수 있습니다.

4-2 진아의 그릇의 크기가 더 크므로 물을 더 많이 담을 수 있습니다.

4-3 수호의 컵의 크기가 더 크므로 우유를 더 많이 담을 수 있습니다.

116~117쪽 누구나 100점 맞는 테스트

1 0, 4
2 깁니다에 ○표
3 ㉠
4 유정
5

(예)

6 ( )( )(○)
7 영탁
8 8−8=0, 0개
9 2, 1, 3
10 (예) 교실은 운동장보다 더 좁습니다.

2 왼쪽 끝이 맞추어져 있으므로 오른쪽 끝을 비교하면 송곳은 못보다 더 깁니다.

3 아래쪽이 맞추어져 있으므로 위쪽을 비교하면 ㉠이 더 높습니다.

4 시소는 더 무거운 쪽으로 내려가므로 유정이가 수진이보다 더 무겁습니다.

6 위쪽이 맞추어져 있으므로 아래쪽을 비교하면 원피스가 가장 깁니다.

7 그릇의 모양과 크기가 같으므로 물의 높이를 비교하면 나 그릇에 담긴 물의 양이 더 많습니다.
➡ 바르게 말한 사람: 영탁

8 (남은 쿠키의 수)
＝(처음에 있던 쿠키의 수)－(혜리가 먹은 쿠키의 수)
＝8－8＝0(개)

9 담을 수 있는 양이 가장 많은 것은 가운데 그릇이고, 가장 적은 것은 맨 오른쪽 그릇입니다.

10 '운동장은 교실보다 더 넓습니다.'라고 쓸 수도 있습니다.

118~123쪽 **특강** 창의·융합·코딩

창의1 (1) 넓어에 ○표
(2) 낮아에 ○표
(3) 작아에 ○표

융합2 민수　　**창의3** 나
창의4 넌 할 수 있어　　**코딩5** 5
코딩6 코끼리　　**코딩7** 달팽이
창의8 진우　　**융합9** 기차, 지우개
창의10 가　　**융합11** 윤호

융합2 담을 수 있는 양이 적은 물통에 물을 더 빨리 받을 수 있으므로 민수가 물을 더 빨리 받을 수 있습니다.

창의3 집에서 병원까지 갈 때 더 빨리 도착하려면 더 짧은 길로 가면 됩니다. 양쪽 끝이 맞추어져 있으므로 더 적게 구부러진 길인 나가 더 짧습니다.

창의4 가장 낮은 쪽에 있는 비눗방울에 적힌 글자인 '넌'부터 낮은 순서대로 글자를 □ 안에 써넣으면 '넌 할 수 있어.'가 됩니다.

코딩5 어떤 수에 0을 더하면 어떤 수가 됩니다. 따라서 5에 0을 여러 번 더해도 5가 됩니다.

코딩6 빨간 버튼을 누르면 더 무거운 동물이 나옵니다. 기린보다 더 무거운 동물은 코끼리입니다.

코딩7 파란 버튼을 누르면 더 가벼운 동물이 나옵니다. 양보다 더 가벼운 동물은 달팽이입니다.

창의8 길이가 더 긴 쪽으로 물건을 이어 붙여서 비교하면 진우가 가지고 있는 물건을 이어 붙인 길이가 더 깁니다.

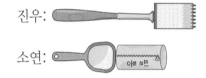

진우:

소연:

융합9 전봇대보다 더 긴 것은 기차입니다.
책상보다 더 좁은 것은 지우개입니다.

창의10 사용하는 도화지의 수가 더 적으려면 더 넓은 도화지를 붙여야 합니다.
➡ 더 넓은 도화지: 가

융합11 앞 줄부터 키가 작은 순서대로 자리에 앉으므로 가장 뒷 줄에 있는 ㉠은 4명 중 키가 가장 큰 사람이 앉았을 것입니다. 키가 가장 큰 사람은 윤호이므로 ㉠은 윤호의 자리입니다.

✳ **개념 ○✕ 퀴즈 정답**

퀴즈1 ○ ✕
퀴즈2 ○ ✕

퀴즈1 3＋0＝3이므로 틀린 말입니다.

퀴즈2 겹쳐 보았을 때 남는 것이 더 넓으므로 옳은 말입니다.

4주 · 50까지의 수

✽ 개념 ○✕ 퀴즈

옳으면 ○에, 틀리면 ✕에 ○표 하세요.

퀴즈 1

10은 십 또는 열이라고 읽습니다.

○   ✕

퀴즈 2

8과 6을 모으기 하면 15가 됩니다.

○   ✕

정답은 28쪽에서 확인하세요.

127쪽	개념 · 원리 확인
1-1 10	**1-2** 10
2-1 10	**2-2** 10
3-1 10	**3-2** 10
4-1 ⬤⬤⬤⬤⬤ ⬤○○○○	**4-2** ♡♡♡♡♡ ○○○○○

1-1 9보다 1만큼 더 큰 수는 10입니다.

1-2 8보다 2만큼 더 큰 수는 10입니다.

2-1 십을 수로 나타내면 10입니다.

2-2 열을 수로 나타내면 10입니다.

4-1 바둑돌이 6개이므로 10이 되려면 ○를 4개 더 그려야 합니다.

4-2 하트가 4개이므로 10이 되려면 ○를 6개 더 그려야 합니다.

129쪽	개념 · 원리 확인
1-1 10	**1-2** 10
2-1 2	**2-2** 9
3-1 7	**3-2** 4

1-1 초콜릿 4개와 아이스크림 6개를 모으기 하면 모두 10개가 됩니다.

1-2 모자 5개와 양말 5개를 모으기 하면 모두 10개가 됩니다.

2-1 단추 10개는 주황색 단추 8개와 하늘색 단추 2개로 가르기 할 수 있습니다.

2-2 공 10개는 테니스 공 1개와 야구공 9개로 가르기 할 수 있습니다.

3-1 노란색 연필 3자루와 보라색 연필 7자루를 모으가 하면 10자루가 되므로 3과 7을 모으기 하면 10이 됩니다.

3-2 리본 10개는 빨간색 리본 6개와 노란색 리본 4개로 가르기 할 수 있으므로 10은 6과 4로 가르기 할 수 있습니다.

130~131쪽	기초 집중 연습
1-1 십에 ○표	**1-2** 아홉에 ○표
2-1 7 3 → 10	**2-2** 4 6 → 10
3-1 ○○○○○	**3-2** ○○

기초 10

4-2 10개

4-3 10개

4-1 10권

1-1 10은 십 또는 열이라고 읽습니다.

1-2 10은 십 또는 열이라고 읽습니다.

2-1 쿠키 7개와 사탕 3개를 모으기 하면 10개가 됩니다.

2-2 조개 4개와 소라 6개를 모으기 하면 10개가 됩니다.

3-1 사과 10개는 5개와 5개로 가르기 할 수 있으므로 빈 곳에 ○를 5개 그립니다.

3-2 나뭇잎 10개는 2개와 8개로 가르기 할 수 있으므로 빈 곳에 ○를 2개 그립니다.

4-1 8과 2를 모으기 하면 10이 되므로 책장에 꽂혀 있는 책은 모두 10권입니다.

4-2 5와 5를 모으기 하면 10이 되므로 유라가 오늘 먹은 사탕은 모두 10개입니다.

4-3 3과 7을 모으기 하면 10이 되므로 주머니에 들어 있는 구슬은 모두 10개입니다.

133쪽	개념·원리 확인

1-1 15 　　　　　　**1-2** 17
2-1 11 　　　　　　**2-2** 18
3-1 1, 6 　　　　　**3-2** 1, 3
4-1 (예) / 12
4-2 (예) / 14

3-1 ┌10개씩 묶음 1개
　　16
　　└낱개 6개

3-2 ┌10개씩 묶음 1개
　　13
　　└낱개 3개

4-1 10개씩 묶음 1개와 낱개 2개 ➡ 12

4-2 10개씩 묶음 1개와 낱개 4개 ➡ 14

135쪽	개념·원리 확인

1-1 십칠에 ○표 　　**1-2** 열넷에 ○표
2-1 민하 　　　　　**2-2** 민호
3-1 •——•
　　•——•
3-2 •　•
　　╳
　　•　•
4-1 13, 14 　　　　**4-2** 16, 17

1-1 17은 십칠 또는 열일곱이라고 읽습니다.

1-2 14는 십사 또는 열넷이라고 읽습니다.

2-1 16은 십육 또는 열여섯이라고 읽습니다.

2-2 13은 십삼 또는 열셋이라고 읽습니다.

3-1 11은 십일 또는 열하나라고 읽고, 14는 십사 또는 열넷이라고 읽습니다.

3-2 15는 십오 또는 열다섯이라고 읽고, 19는 십구 또는 열아홉이라고 읽습니다.

4-1 수의 순서에 따라 11-12-13-14이므로 13, 14를 써넣습니다.

4-2 수의 순서에 따라 15-16-17-18이므로 16, 17을 써넣습니다.

136~137쪽	기초 집중 연습

1-1 19 / 십구, 열아홉 　**1-2** 16 / 십육, 열여섯
2-1 (예) 　　　　　　　**2-2** (예)
3-1 열넷에 ○표 　　　　**3-2** 18에 ○표
4-1 12 　　　　　　　　**4-2** 11
기초 14 　　　　　　　　**5-1** 14개
5-2 17장
5-3 2개

1-1 10개씩 묶음 1개와 낱개 9개
➡ 19(십구, 열아홉)

1-2 10개씩 묶음 1개와 낱개 6개
➡ 16(십육, 열여섯)

2-1 15는 10개씩 묶음 1개와 낱개 5개이므로 ○를 5개 더 그립니다.

2-2 18은 10개씩 묶음 1개와 낱개 8개이므로 ○를 8개 더 그립니다.

3-1 열넷 ➡ 14, 십삼 ➡ 13

3-2 십칠, 열일곱 ➡ 17

4-1 10개씩 묶어 세면 10개씩 묶음 1개와 낱개 2개이므로 블록은 모두 12개입니다.

4-2 10개씩 묶어 세면 10개씩 묶음 1개와 낱개 1개이므로 블록은 모두 11개입니다.

5-1 10개씩 묶음 1개와 낱개 4개는 14이므로 달걀은 모두 14개입니다.

5-2 10개씩 묶음 1개와 낱개 7개는 17이므로 색종이는 모두 17장입니다.

5-3 12는 10개씩 묶음 1개와 낱개 2개입니다.
저금통에 동전을 10개씩 넣는다면 낱개의 수만큼 동전이 남습니다.
따라서 저금통에 넣고 남은 동전은 2개입니다.

139쪽	개념 · 원리 확인
1-1	**1-2**
2-1 16	**2-2** 13
3-1 12, 12	**3-2** 11, 11

1-1 분홍색 구슬 10개와 보라색 구슬 4개를 모으기 하면 14개가 되고, 그려진 ○는 10개이므로 ○를 4개 더 그립니다.

1-2 초록색 연결 큐브 9개와 빨간색 연결 큐브 3개를 모으기 하면 12개가 되고, 그려진 ○는 9개이므로 ○를 3개 더 그립니다.

2-1 축구공 7개와 농구공 9개를 모으기 하면 모두 16개가 되므로 7과 9를 모으기 하면 16이 됩니다.

2-2 복숭아 5개와 레몬 8개를 모으기 하면 모두 13개가 되므로 5와 8을 모으기 하면 13이 됩니다.

3-1 10 다음의 수부터 2개의 수를 이어 세면 11, 12이므로 10과 2를 모으기 하면 12가 됩니다.

3-2 8 다음의 수부터 3개의 수를 이어 세면 9, 10, 11이므로 8과 3을 모으기 하면 11이 됩니다.

141쪽	개념 · 원리 확인
1-1 4	**1-2** 7
2-1 6	**2-2** 8
3-1 (1) 5 (2) 7	**3-2** (1) 8 (2) 9

2-1 도넛 11개는 초코 도넛 5개와 딸기 도넛 6개로 가르기 할 수 있습니다.

2-2 모자 15개는 빨간 모자 8개와 파란 모자 7개로 가르기 할 수 있습니다.

3-1 (1) 12는 7과 5로 가르기 할 수 있습니다.
(2) 16은 9와 7로 가르기 할 수 있습니다.

3-2 (1) 13은 8과 5로 가르기 할 수 있습니다.
(2) 18은 9와 9로 가르기 할 수 있습니다.

142~143쪽	기초 집중 연습
1-1 12	**1-2** 9
2-1 15	**2-2** 5
3-1 7	**3-2** 8
4-1	**4-2**
기초 16	**5-1** 16개
5-2 13개	
5-3 9개	

1-1 4와 8을 모으기 하면 12가 됩니다.

1-2 16은 7과 9로 가르기 할 수 있습니다.

2-1 6과 9를 모으기 하면 15가 됩니다.

2-2 13은 8과 5로 가르기 할 수 있습니다.

3-1 토마토는 11개이므로 11은 4와 7로 가르기 할 수 있습니다.

3-2 컵은 14개이므로 14는 6과 8로 가르기 할 수 있습니다.

4-1 6과 7, 8과 5를 각각 모으기 하면 13이 됩니다.

4-2 4와 7, 5와 6을 각각 모으기 하면 11이 됩니다.

5-1 9와 7을 모으기 하면 16이 되므로 두 사람이 캔 고구마는 모두 16개입니다.

5-2 8과 5를 모으기 하면 13이 되므로 두 사람이 모은 딱지는 모두 13개입니다.

5-3 18은 똑같은 두 수인 9와 9로 가르기 할 수 있으므로 동생에게 과자를 9개 주어야 합니다.

4-1 삼십은 30입니다.

4-2 쉰은 50입니다.

147쪽	개념·원리 확인
1-1 3, 34	**1-2** 9, 29
2-1 4, 2 / 42	**2-2** 3, 8 / 38
3-1 (1) 이십이 (또는 스물둘)	**3-2** (1) 25
(2) 삼십오 (또는 서른다섯)	(2) 47

1-1 10개씩 묶음 3개와 낱개 4개 ➡ 34

1-2 10개씩 묶음 2개와 낱개 9개 ➡ 29

2-1 10개씩 묶음 4개와 낱개 2개 ➡ 42

2-2 10개씩 묶음 3개와 낱개 8개 ➡ 38

3-1 (1) 22는 이십이 또는 스물둘이라고 읽습니다.
(2) 35는 삼십오 또는 서른다섯이라고 읽습니다.

3-2 (1) 이십오를 수로 나타내면 25입니다.
(2) 마흔일곱을 수로 나타내면 47입니다.

145쪽	개념·원리 확인
1-1 50	**1-2** 40
2-1 예	/ 4, 40
2-2 예	/ 3, 30
3-1 오십에 ○표	**3-2** 스물에 ○표
4-1 30	**4-2** 50

3-1 50은 오십 또는 쉰이라고 읽습니다.

3-2 20은 이십 또는 스물이라고 읽습니다.

148~149쪽	기초 집중 연습
1-1 30	**1-2** 23
2-1 •—•	**2-2** ✕
3-1 2, 4 / 24	**3-2** 3, 7 / 37
4-1 이십에 △표	**4-2** 서른에 △표
기초 30	**5-1** 30개
5-2 48개	
5-3 26개	

1-1 10개씩 묶음 3개 ➡ 30

1-2 10개씩 묶음 2개와 낱개 3개 ➡ 23

정답 및 풀이

2-1 20(이십, 스물), 50(오십, 쉰)

2-2 42(사십이, 마흔둘), 35(삼십오, 서른다섯)

3-1 10개씩 묶어 보면 10개씩 묶음 2개와 낱개 4개이므로 토마토는 모두 24개입니다.

3-2 10개씩 묶어 보면 10개씩 묶음 3개와 낱개 7개이므로 달팽이는 모두 37마리입니다.

4-1 쉰, 오십 ➡ 50, 이십 ➡ 20

4-2 사십, 마흔 ➡ 40, 서른 ➡ 30

5-1 10개씩 묶음 3개는 30이므로 3상자에 들어 있는 도넛은 모두 30개입니다.

5-2 10개씩 묶음 4개와 낱개 8개는 48이므로 공깃돌은 모두 48개입니다.

5-3 10개씩 묶음 2개와 낱개 6개는 26이므로 민하가 산 복숭아는 모두 26개입니다.

151쪽	개념 · 원리 확인
1-1 19, 21	**1-2** 37, 44
2-1 24, 26	**2-2** 47, 49
3-1 17	**3-2** 34
4-1 37, 39	**4-2** 23, 24

1-1 11부터 수를 순서대로 씁니다.

1-2 31부터 수를 순서대로 씁니다.

2-1 25보다 1만큼 더 작은 수는 24, 1만큼 더 큰 수는 26입니다.

2-2 48보다 1만큼 더 작은 수는 47, 1만큼 더 큰 수는 49입니다.

3-1 수직선에서 17은 16과 18 사이에 있습니다.

3-2 수직선에서 34는 33과 35 사이에 있습니다.

4-1 38보다 1만큼 더 작은 수는 37, 1만큼 더 큰 수는 39입니다.

4-2 22와 25 사이에 있는 수는 23, 24입니다.

153쪽	개념 · 원리 확인
1-1 작습니다에 ○표	**1-2** 큽니다에 ○표
2-1 32, 24	**2-2** 21, 27
3-1 작습니다	**3-2** 큽니다
4-1 46에 ○표	**4-2** 15에 △표

1-1 10개씩 묶음의 수를 비교하면 14는 26보다 작습니다.

1-2 10개씩 묶음의 수가 같으므로 낱개의 수를 비교하면 37은 32보다 큽니다.

2-1 10개씩 묶음의 수를 비교하면 32는 24보다 큽니다.

2-2 10개씩 묶음의 수가 같으므로 낱개의 수를 비교하면 21은 27보다 작습니다.

3-1 10개씩 묶음의 수를 비교하면 28은 35보다 작습니다.

3-2 10개씩 묶음의 수가 같으므로 낱개의 수를 비교하면 49는 44보다 큽니다.

4-1 10개씩 묶음의 수를 비교하면 46이 36보다 큽니다.

4-2 10개씩 묶음의 수가 같으므로 낱개의 수를 비교하면 15가 18보다 작습니다.

154~155쪽	기초 집중 연습
1-1 25, 27	**1-2** 15, 14
2-1 15	**2-2** 39
3-1 서른넷에 색칠	**3-2** 21에 색칠
4-1 30, 26, 24	**4-2** 32, 35, 39
기초 27	**5-1** 27번
5-2 14층	
5-3 3권	

1-1 26 앞의 수인 25부터 순서대로 수를 쓰면
25−26−27−28입니다.

1-2 16부터 수를 거꾸로 세면 16−15−14−13
입니다.

2-1 14−15−16이므로 14와 16 사이에는 15가
있습니다.

2-2 38−39−40이므로 38과 40 사이에는 39가
있습니다.

3-1 서른넷은 34입니다.
34와 33의 10개씩 묶음의 수가 같으므로 낱개
의 수를 비교하면 더 큰 수는 34입니다.

3-2 이십사는 24입니다.
21과 24의 10개씩 묶음의 수가 같으므로 낱개
의 수를 비교하면 더 작은 수는 21입니다.

4-1 10개씩 묶음의 수가 가장 많은 30이 가장 크고
24와 26은 10개씩 묶음의 수가 2로 같으므로
낱개의 수를 비교하면 26이 24보다 큽니다.
따라서 크기가 큰 수부터 순서대로 쓰면 30,
26, 24입니다.

4-2 10개씩 묶음의 수가 3으로 같으므로 낱개의 수
가 가장 적은 수부터 순서대로 쓰면 32, 35,
39입니다.

5-1 26−27−28이므로 26번과 28번 사이에 있
는 번호는 27번입니다.

5-2 13−14−15이므로 13층과 15층 사이에 있
는 층은 14층입니다.

5-3 33−34−35−36−37이므로 33과 37 사이
에 있는 수는 34, 35, 36입니다. 따라서 33번
과 37번 사이에 꽂혀 있는 책은 모두 3권입니다.

156~157쪽   누구나 **100점 맞는** 테스트

1 10, 열   **2** 6
3 (위에서부터) 1, 3 / 1, 7
4 40 / 사십, 마흔
5 ⑴ 26에 색칠 ⑵ 38에 색칠
6 32 — **33** — 34 — **35**
7 ( )( )(○)
8 2상자, 8개
9   **10** 7개

---

2 풍선 10개는 주황색 풍선 4개와 파란색 풍선 6
개로 가르기 할 수 있습니다.

3 13 ➡ 10개씩 묶음 1개와 낱개 3개
13 ➡ 10개씩 묶음 1개와 낱개 3개
17 ➡ 10개씩 묶음 1개와 낱개 7개

4 10개씩 묶음 4개 ➡ 40(사십, 마흔)

5 ⑴ 10개씩 묶음의 수를 비교하면 26이 12보다
큽니다.
⑵ 10개씩 묶음의 수가 같으므로 낱개의 수를 비
교하면 38이 33보다 큽니다.

6 33 앞의 수인 32부터 순서대로 쓰면 32−33−
34−35입니다.

7 24 ➡ 이십사 또는 스물넷
32 ➡ 삼십이 또는 서른둘
45 ➡ 사십오 또는 마흔다섯

8 28은 10개씩 묶음 2개와 낱개 8개이므로 사과
28개는 한 상자에 10개씩 담으면 2상자에 8개
가 남습니다.

9 8과 5, 9와 4를 모으기 하면 13이 됩니다.

10 12는 5와 7로 가르기 할 수 있습니다.
수아가 구슬 5개를 가졌으므로 재윤이가 가진 구
슬은 7개입니다.

158~163쪽 특강 | **창의·융합·코딩**

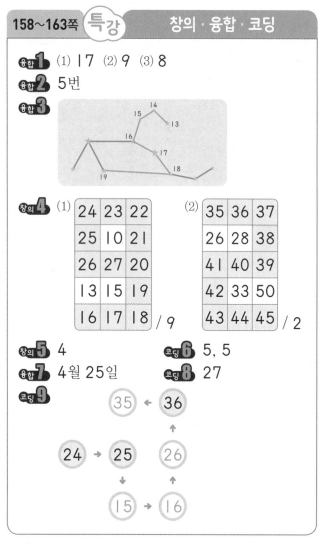

융합1 (1) 17 (2) 9 (3) 8

융합2 5번

융합3

창의4 (1)

24	23	22
25	10	21
26	27	20
13	15	19
16	17	18	/ 9

(2)

35	36	37
26	28	38
41	40	39
42	33	50
43	44	45	/ 2

창의5 4

코딩6 5, 5

융합7 4월 25일

코딩8 27

코딩9

35 ← 36
↑
24 → 25   26
↓   ↑
15 → 16

코딩6 10은 1과 9, 2와 8, 3과 7, 4와 6, 5와 5로 가르기 할 수 있습니다. 이 중에서 똑같은 두 수로 가르기 한 경우는 5와 5로 가르기 했을 때입니다.

융합7 ▽는 1을, ⟨는 10을 나타내므로 ▽의 수는 낱개의 수, ⟨의 수는 10개씩 묶음의 수와 같습니다.

▽▽▽▽ : 낱개 4개인 수 ➡ 4

⟨⟨▽▽▽▽▽ : 10개씩 묶음 2개와 낱개 5개인 수 ➡ 25

코딩8 24부터 시작
➡ 24보다 1만큼 더 큰 수: 25
➡ 25보다 1만큼 더 큰 수: 26
➡ 26보다 1만큼 더 큰 수: 27

코딩9

④ ← 36
↑
24 → 25   ③
↓   ↑
① → ②

① 25보다 10개씩 묶음의 수가 1만큼 더 작은 수: 15
② 15보다 1만큼 더 큰 수: 16
③ 16보다 10개씩 묶음의 수가 1만큼 더 큰 수: 26
④ 36보다 1만큼 더 작은 수: 35

융합1 (3) 17은 9와 8로 가르기 할 수 있으므로 사과 17개 중에 9개를 상자에 담고 남은 사과는 8개입니다.

융합2 날짜 중에서 3이 있는 날은 낱개의 수가 3이거나 10개씩 묶음의 수가 3인 날입니다.
낱개의 수가 3인 날짜: 3일, 13일, 23일
➡ 3번
10개씩 묶음의 수가 3인 날짜: 30일, 31일
➡ 2번
따라서 현아는 청소를 5번 해야 합니다.

창의4 (1) 16부터 시작하여 수의 순서대로 색칠하면 숫자 9를 나타냅니다.
(2) 35부터 시작하여 수의 순서대로 색칠하면 숫자 2를 나타냅니다.

창의5 수를 넣었을 때 10개씩 묶음의 수가 나오는 규칙입니다. 43은 10개씩 묶음의 수가 4이므로 4가 나옵니다.

※ 개념 ○✕ 퀴즈 정답

퀴즈1 ○ ✕

퀴즈2 ○ ⊗

퀴즈1 10은 십 또는 열이라고 읽으므로 옳은 말입니다.

퀴즈2 8과 6을 모으기 하면 14가 되므로 틀린 말입니다.

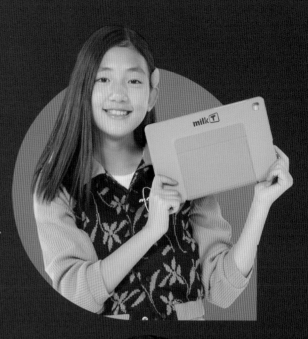

정답은
이안에
있어!

수학 전문 교재

●연산 학습

빅터연산   예비초~6학년, 총 20권

창의융합 빅터연산   예비초~4학년, 총 16권

●개념 학습

개념클릭 해법수학   1~6학년, 학기용

●수준별 수학 전문서

해결의법칙(개념/유형/응용)   1~6학년, 학기용

●단원평가 대비

수학 단원평가   1~6학년, 학기용

밀등전략 초등 수학   1~6학년, 학기용

●단기완성 학습

초등 수학전략   1~6학년, 학기용

●상위권 학습

최고수준 S 수학   1~6학년, 학기용

최고수준 수학   1~6학년, 학기용

최강 TOT 수학   1~6학년, 학년용

●경시대회 대비

해법 수학경시대회 기출문제   1~6학년, 학기용

예비 중등 교재

●해법 반편성 배치고사 예상문제   6학년

●해법 신입생 시리즈(수학/영어)   6학년

맞춤형 학교 시험대비 교재

●열공 전과목 단원평가   1~6학년, 학기용(1학기 2~6년)

한자 교재

●한자능력검정시험 자격증 한번에 따기   8~3급, 총 9권

●씽씽 한자 자격시험   8~5급, 총 4권

●한자 전략   8~5급Ⅱ, 총 12권

수학 단원평가

각종 학교 시험, 한 권으로 끝내자!

수학 단원평가

초등 1~6학년(학기별)

쪽지시험, 단원평가, 서술형 평가 등 다양한 수행평가에 맞는 최신 경향의 문제 수록
A, B, C 세 단계 난이도의 단원평가로 실력을 점검하고 부족한 부분을 빠르게 보충 가능
기본 개념 문제로 구성된 쪽지시험과 단원평가 5회분으로 확실한 단원 마무리